Oldenbourg

Computersimulation von Regelungen

Modellbildung und Softwareentwicklung

von
Ernst-Günther Feindt

Oldenbourg Verlag München Wien

Die Deutsche Bibliothek - CIP-Einheitsaufnahme

Feindt, Ernst-Günther:
Computersimulation von Regelungen : Modellbildung und
Softwareentwicklung / von Ernst-Günther Feindt. – München ; Wien :
Oldenbourg, 1999
  ISBN 3-486-24927-4

© 1999 Oldenbourg Wissenschaftsverlag GmbH
Rosenheimer Straße 145, D-81671 München
Telefon: (089) 45051-0, Internet: http://www.oldenbourg.de

Lektorat: Martin Reck
Herstellung: Rainer Hartl
Umschlagkonzeption: Kraxenberger Kommunikationshaus, München
Gedruckt auf säure- und chlorfreiem Papier
Gesamtherstellung: R. Oldenbourg Graphische Betriebe GmbH, München

Inhaltsverzeichnis

Vorwort

Die Computersimulation findet heute breite Anwendung beim Entwickeln von Geräten und Anlagen. Gegenüber herkömmlichen Entwicklungsmethoden hat sie zwei wesentliche Vorzüge: Sie ist erheblich kostengünstiger als Versuche mit dem jeweiligen Objekt, und man kann schon die Eigenschaften des Objektes bestimmen, bevor es gebaut wird. Mit der Wirklichkeit übereinstimmende Ergebnisse kann die Computersimulation natürlich nur liefern, wenn man die einzelnen Gleichungen, die die Teile des Objektes haben, genau genug kennt. In dieser Schrift wird dargestellt, wie Regelvorgänge mit dem Computer simuliert werden. Bei Regelungen liegt der günstige Fall vor, daß sie fast ausnahmslos durch gewöhnliche Differentialgleichungen beschrieben werden, die mit dem Rechner leicht und genau numerisch gelöst werden können. Wie üblich, geschieht dies in der vorliegenden Schrift nach dem Verfahren von Runge und Kutta. Drei Genauigkeitskontrollen in den Abschnitten 3.5, 4.1 und 7.2 zeigen Übereinstimmung mit den exakten Lösungen auf zehn bzw. zwölf Dezimalstellen. Das Simulationsverfahren wird im Folgenden angewendet auf *lineare, nichtlineare, variante, invariant, kontinuierliche, Zweipunkt-, Dreipunkt- und Abtast-Regelungen* sowie Regelungen mit *Totzeiten*. Zugleich zeigen die Beispiele die große Flexibilität des Simulationsverfahrens, indem man der zu entwerfenden Regelung in mancherlei Weise gewünschte Eigenschaften geben kann. Die Grundidee des Simulationsverfahrens besteht darin, daß man die Regelung durch ein System von Differentialgleichungen erster Ordnung beschreibt. Dies ist dasselbe Vorgehen wie bei der Methode der Zustandsregelungen. Daher ist das vorliegende Buch zugleich eine Einführung in die Zustandsmethode, die damit ihre oft beklagte Abstraktheit verliert. Das Beispiel des Luenberger-Beobachters soll die Verbindung zu der Zustandsmethode besonders unterstreichen. Im übrigen sei der Leser darauf hingewiesen, daß alle aufgeführten Programme lauffähig sind und daß immer einige Zahlen angegeben sind, die nach dem Programmstart ausgedruckt werden. Damit ist es dem Leser leicht möglich zu kontrollieren, ob er das Programm richtig abgeschrieben hat.

Als Programmiersprache ist Basic gewählt, weil Basic allen Lesern bekannt ist und auf jedem PC als Q-Basic installiert ist. Zudem sind die verwendeten Anweisungen auf der Seite 1 erklärt. Im übrigen ist hier die *Programmiersprache vollkommen belanglos*. Hier geht es um Mathematik und die Basic-Schreibweise stimmt weitgehend mit der mathematischen überein. Für das Verständnis sind Mathematikkenntnisse erforderlich, wie sie in einem Grundkurs vermittelt werden. Besondere Vorkenntnisse in der Regelungstechnik sind kaum erforderlich. Die Grundbegriffe sind im Abschnitt 3.1 in geraffter Form dargestellt und bei den Beispielen, soweit erforderlich, behandelt. Wenn dem Leser der Begriff der Übertragungsfunktion nicht geläufig ist (den es sowieso nur bei linearen Übertragungsgliedern gibt), kann er die entsprechenden Zeilen übergehen und die Differentialgleichungen als gegeben betrachten. Im übrigen sind alle Regelkreis-Gleichungen ausführlich hergeleitet. Nur wegen der Theorie des Luenberger-Beobachters muß aus Platzgründen auf [3] verwiesen werden. Den Elektronikern wird gefallen, daß ihr Musterbeispiel für nichtlineare Schwingungen, der Van der Pool-Schwinger, anzutreffen ist. Auch das Musterbeispiel für Fuzzy- und für Zustandsregelungen, die Verladebrücke, ist behandelt. Gerade dieses Beispiel zeigt, wieviel einfacher es ist, die Zustandsregelungen zu simulieren als auf klassische Weise zu berechnen. Dabei muß besonders betont werden, daß hier sogar die nichtlineare Regelung simuliert wird. Linearisieren wäre auch vollkommen sinnlos, weil Nichtlinearitäten beim Simulieren keinerlei Schwierigkeiten verursachen.

Im ganzen ist die Darstellung so ausführlich gehalten, daß sie zum Selbststudium geeignet ist. Den Lehrenden wird die große Zahl der Beispiele entgegenkommen, die sämtliche vollkommen durchgeführt sind von der Aufgabenstellung bis zum Zahlenergebnis. Der Praktiker wird mit den Simulationsverfahren viel Zeit sparen. Darüber hinaus werden ihm neue Wege des Regelungsentwurfes eröffnet. Auch dem Kenner wird mit der Optimierung nach den Gütemaßen Gln.(6.9), (6.10) und mit einigen Ausführungen zur Simulation von Vorhaltgliedern etwas geboten (Abschnitt 8). Viele Regelungen, insbesondere stark nichtlineare, lassen sich auf anderem Wege als durch Simulation überhaupt nicht behandeln.

Warum ein Buch über die Simulation von Regelungen, wenn es schon fertige Simulations-Programme gibt? Zum einen muß es Leute geben, die solche Programme schreiben können. Zum anderen ist man vor falschen Ergebnissen nur dann absolut sicher, wenn man das Programm in allen Teilen kennt. Schmerzliche Beispiele sind bekannt. Im übrigen kann man mit fertigen Programmen nur Bekanntes wiederholen. In der Forschung und Entwicklung ist es daher unabdingbar, eigene Simulationsprogramme erstellen zu können. Das wichtigste ist jedoch, daß man die Vielzahl der Aufgabenstellungen, technischen Figurationen und Randbedingungen meist nur mit Programmen bewältigen kann, die auf das jeweilige Problem zugeschnitten sind. Dies gilt insbesondere, wenn ein Simulations-Programm oder ein Teil davon in das Steuerprogramm einer Anlage eingefügt werden soll oder wenn mit dem Simulations-Programm ein Neuronales Netz trainiert werden soll. In diesen Fällen ist auch oftmals eine kleine Programm-Laufzeit wichtig.

Hamburg, im Frühjahr 1999   E.-G. Feindt

1. Erläuterungen zur Programmierung

:   Wenn in einer Programmzeile mehrere Anweisungen stehen, so werden diese durch Doppelpunkte voneinander getrennt.

/   Mit dem Schrägstrich wird dividiert.

*   Der Stern ist das Zeichen für die Multiplikation.

IF . . . THEN   Wenn die IF-Bedingung erfüllt ist, wird die Anweisung, die hinter dem THEN steht, ausgeführt. Wenn die IF-Bedingung nicht erfüllt ist, wird die Anweisung nicht ausgeführt und der Rechner geht in die nächste Programmzeile. Das THEN wirkt auf alle Anweisungen, die in derselben Zeile (getrennt durch Doppelpunkte) stehen. Beispiel:
     IF x=a THEN y=b : z=c
Diese Programmzeile bewirkt: Wenn x=a ist, bekommt y den Wert b und z den Wert c. Wenn x≠a ist, behalten y und z die Werte, die sie vorher hatten.
Hierzu unten: Abfragen auf einen bestimmten Zahlenwert

AND   Diese logische Verknüpfung wird später in der IF-Bedingung angewendet in der Form
     IF x=a AND y=b THEN z=c
Dies beinhaltet: Wenn gleichzeitig x=a und y=b sind, bekommt z den Wert c. Wenn x≠a und/oder y≠b ist, wird die Anweisung, die hinter dem THEN steht, nicht ausgeführt und der Rechner geht in die nächste Programmzeile.

REM   Anweisungen und Text, die hinter dem REM stehen, werden vom Rechner nicht zur Kenntnis genommen.

x=RND(1)   Der Variablen x wird eine Zufallszahl von 0 bis 1 zugewiesen.

GOSUB xxx   } Der Rechner springt in ein Unterprogramm, das bei Zeilennummer
. . . . . .   xxx beginnt. Die RETURN-Anweisung bewirkt, daß der Rechner an
RETURN   die Stelle des Hauptprogrammes zurückkehrt, wo er es verlassen hat.

RUN   Mit der RUN-Anweisung wird das Programm gestartet. Dabei werden automatisch *von Basic alle Variablen Null gesetzt*. Trotzdem werden später in den Programmen bisweilen (überflüssigerweise) Anfangswerte Null gesetzt.

SQR(x)   Anweisung für Quadratwurzel, $SQR(x) = \sqrt{x}$.

SGN(x)   Signumfunktion. $SGN(x) = 1, 0, -1$, wenn bzw. $x > 0, = 0, < 0$ ist.

Abfragen auf einen bestimmten Zahlenwert
Die zu behandelnde Frage läßt sich am besten an Hand des folgenden kurzen Programmes erläutern. In dem Programm läuft die Variable t von 0.1 bis 200 in Schritten von 0.1. Dabei tritt der genaue Zahlenwert t=100 rechnerintern niemals auf. Das erkennt man daran, daß nach dem Programmstart nur der in Programmzeile 30 erzeugte Buchstabe B ausgedruckt wird. Der Buchstabe A wird nicht ausgedruckt, d.h. die IF-Bedingung der Zeile 20 ist nie erfüllt. Abfrage auf 100 darf also nur wie in Zeile 30 geschehen. In Zeile 30 könnte statt h/2 auch ein anderer Bruchteil von h stehen.

Lauffähiges Programm
```
10 h=0.1:t=t+h
20 IF t=100 THEN PRINT "A"
30 IF ABS(t-100)<h/2 THEN PRINT "B"
40 IF t<200 GOTO 10
```

Diese Überlegungen sind auch zu berücksichtigen, wenn sich eine Größe in einem vorgeschriebenen Zeitpunkt ändern soll. Mit dem folgenden Programm soll erreicht werden, daß w1 und w2 beide im Zeitpunkt t=100 von 0 auf 1 springen. Wie man sieht, sind die Sprünge für w1 und für w2 unterschiedlich programmiert.

Lauffähiges Programm
```
10 h=0.1:t=t+h
20 IF t>=100 THEN w1=1
30 IF t>100-h/2 THEN w2=1
40 PRINT t;w1;w2
50 IF t<102 GOTO 10
```

Die Zahlen, die nach dem Programmstart ausgedruckt werden, sind im Folgenden auszugsweise wiedergegeben. Das Ergebnis zeigt, daß die Programmierung Zeile 30 den korrekten Sprung im Zeitpunkt t=100.0 erzeugt. Die Programmierung Zeile 20 dagegen nicht. Sie darf daher nicht angewendet werden, wenn es darauf ankommt, daß der Sprung exakt in einem vorgeschriebenen Zeitpunkt erfolgt.

t	w1	w2
.	. .	.
99.8	0.0	0.0
99.9	0.0	0.0
100.0	0.0	1.0
100.1	1.0	1.0
100.2	1.0	1.0
.	. .	.

w2 springt genau im vorgeschriebenen Zeitpunkt t=100.0, w1 dagegen nicht.

2. Simulation des kontinuierlichen Übertragungsgliedes

2.1 Lösen der Differentialgleichung 1. Ordnung nach dem Verfahren von Runge und Kutta

Die allgemeine Form der Differentialgleichung 1. Ordnung lautet $\dot{x} = f(t, x)$, worin $\dot{x} = dx/dt$ die Ableitung der Variablen x nach der Zeit t ist und $f(t, x)$ eine weitgehend frei wählbare Funktion ist (siehe den Existenssatz von Anhang 9.1). Wenn der Wert x_j bekannt ist, den $x(t)$ im Zeitpunkt t_j hat, so kann man den Wert $x_k = x(t_k)$, den $x(t)$ in dem etwas späteren Zeitpunkt $t_k = t_j + h$ hat, mit dem Verfahren von Runge und Kutta nach den folgenden Formeln näherungsweise berechnen. Dabei muß h klein sein, damit die Änderung $f(t_k, x_k) - f(t_j, x_j)$, die die Funktion $f(t, x)$ in der Zeit h erfährt, klein ist. Auf die Herleitung der Formeln soll hier verzichtet werden und auf die Literatur verwiesen werden, z. B. [1], [2], [9], [10]. Es gilt die Regel:

Die Lösung der Differentialgleichung

$$\dot{x} = f(t, x) \tag{2.1}$$

wird nach den folgenden Formeln berechnet:

$$k_1 = h \cdot f(t_j, x_j),$$

$$k_2 = h \cdot f(t_j + \frac{h}{2}, x_j + \frac{k_1}{2}),$$

$$k_3 = h \cdot f(t_j + \frac{h}{2}, x_j + \frac{k_2}{2}),$$

$$k_4 = h \cdot f(t_j + h, x_j + k_3),$$

$$x_k = x_j + (k_1 + 2k_2 + 2k_3 + k_4)/6,$$

$$t_k = t_j + h. \tag{2.2}$$

Aus diesen Gleichungen werden der Reihe nach k_1, k_2, k_3, k_4 und x_k berechnet. Damit ist der Wert x_k bekannt, den die Lösung der Diffgl. (2.1) im Zeitpunkt $t_k = t_j + h$ hat. Der erhaltene x_k-Wert wird nun als Anfangswert für den nächsten Berechnungsschritt genommen, der in derselben Weise mit den Gleichungen (2.2) durchgeführt wird. So fortfahrend wird nach und nach der ganze Verlauf der Lösung $x(t)$ der Diffgl. (2.1) gewonnen.

Beispiel 2.1. Der Lösungsverlauf ist für die Differentialgleichung

$$\dot{x} = t - x^2 \tag{2.3}$$

zu berechnen. Anfangspunkt der Lösungskurve sei $t_j = 2$, $x_j = 1$. Gewählt $h = 0.1$. Mit $f(t,x) = t - x^2$ und den gegebenen Anfangswerten t_j, x_j folgt aus den Gln.(2.2):

1. Schritt. Anfangswerte $t_j = 2$, $x_j = 1$.

$$k_1 = h \cdot [t_j - x_j^2] = 0.1 \cdot [2 - 1^2] = 0.10000 , \tag{2.4a}$$

$$k_2 = h \cdot [t_j + \frac{h}{2} - (x_j + \frac{k_1}{2})^2] = 0.1 \cdot [2 + \frac{0.1}{2} - (1 + \frac{0.10000}{2})^2] = 0.09475 , \tag{2.4b}$$

$$k_3 = h \cdot [t_j + \frac{h}{2} - (x_j + \frac{k_2}{2})^2] = 0.1 \cdot [2 + \frac{0.1}{2} - (1 + \frac{0.09475}{2})^2] = 0.09530 , \tag{2.4c}$$

$$k_4 = h \cdot [t_j + h - (x_j + k_3)^2] = 0.1 \cdot [2 + 0.1 - (1 + 0.09530)^2] = 0.09003 , \tag{2.4d}$$

$$x_k = x_j + (k_1 + 2 \cdot k_2 + 2 \cdot k_3 + k_4)/6 = 1 + (0.10000 + 2 \cdot 0.09475 + $$
$$+ 2 \cdot 0.09530 + 0.09003)/6 = 1.09502 , \tag{2.4e}$$
$$t_k = t_j + h = 2 + 0.1 = 2.1 . \tag{2.4f}$$

x_k hat also im Zeitpunkt $t_k = 2.1$ den Wert $x_k = 1.09502$. Dies ist zugleich der Anfangswert für die Berechnung des zweiten Schrittes, für den also in die Gln.(2.2) $t_j = 2.1$ und $x_j = 1.09502$ einzusetzen sind. Es ergibt sich:

2. Schritt. Anfangswerte $t_j = 2.1$, $x_j = 1.09502$.

$$k_1 = h \cdot [t_j - x_j^2] = 0.1 \cdot [2.1 - 1.09502^2] = 0.09009 , \tag{2.5a}$$

$$k_2 = h \cdot [t_j + \frac{h}{2} - (x_j + \frac{k_1}{2})^2] = 0.1 \cdot [2.1 + \frac{0.1}{2} - (1.09502 + \frac{0.09009}{2})^2] = 0.08502, \tag{2.5b}$$

$$k_3 = h \cdot [t_j + \frac{h}{2} - (x_j + \frac{k_2}{2})^2] = 0.1 \cdot [2.1 + \frac{0.1}{2} - (1.09502 + \frac{0.08502}{2})^2] = 0.08560, \tag{2.5c}$$

$$k_4 = h \cdot [t_j + h - (x_j + k_3)^2] = 0.1 \cdot [2.1 + 0.1 - (1.09502 + 0.08560)^2] = 0.08061, \tag{2.5d}$$

$$x_k = x_j + (k_1 + 2 \cdot k_2 + 2 \cdot k_3 + k_4)/6 = 1.18035 , \tag{2.5e}$$

$$t_k = t_j + h = 2.1 + 0.1 = 2.2 . \tag{2.5f}$$

Die Lösung $x(t)$ der Diffgl. (2.3) hat also im Zeitpunkt $t = 2.2$ Sek den Wert $x = 1.18035$. Dies sind zugleich die Anfangswerte für die Berechnung des dritten Schrittes. Auf diese Weise fortfahrend bekommt man den vollständigen Verlauf der in dem Punkt $(t = 2, x = 1)$ beginnenden Lösung der Diffgl. (2.3) (siehe Bild 2.1). Die vorstehende Berechnung kann man viel schneller und genauer mit dem folgenden Basic-Programm durchführen.

Lauffähiges Programm 2.1   Der Kommentar bezieht sich stets auf die jeweilige Zeile
```
10 tj=2:xj=1:h=0.1                Anfangswerte tj, xj und Schrittweite h gewählt
15 FOR k=0 TO 20
```

```
20 k1=h*(tj-xj^2)
25 k2=h*(tj+h/2-(xj+k1/2)^2)
30 k3=h*(tj+h/2-(xj+k2/2)^2)
35 k4=h*(tj+h-(xj+k3)^2)
40 xk=xj+(k1+2*k2+2*k3+k4)/6
45 tk=tj+h
50 PRINT tk,xk
55 tj=tk:xj=xk
60 NEXT k
```

vordere Gleichung (2.4a)
    "   "   (2.4b)
    "   "   (2.4c)
    "   "   (2.4d)
    "   "   (2.4e)
    "   "   (2.4f)

Durchschieben der Werte

t_k	x_k
2.1	1.09502
2.2	1.18035
2.3	1.25665
2.4	1.32484
2.5	1.38595
2.6	1.44100
2.7	1.49096
2.8	1.53668
usw.	

Nach dem Starten des Programmes
mit RUN werden die nebenstehenden Werte ausgedruckt, die in Bild
2.1 aufgetragen sind.

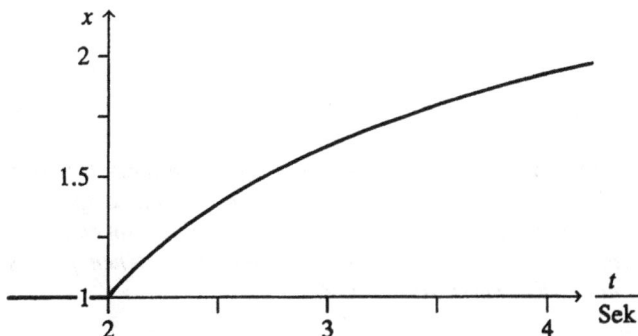

Bild 2.1.
Simulationsergebnis von
Beispiel 2.1

Regelungstechnische Interpretation. Regelungstechnisch kann man das vorstehende Berechnungsergebnis folgendermaßen interpretieren: Betrachtet wird als Beispiel das Übertragungsglied Bild 2.2, das die Differentialgleichung

$$a_1(t)\dot{x} + a_0(t)x^2 = u(t) \tag{2.6}$$

hat. $u(t)$ ist das Eingangssignal und $x(t)$ ist das Ausgangssignal (Antwortsignal). Auflösen der Diffgl. (2.6) nach $\dot{x}$ ergibt:

$$\dot{x} = \frac{u(t) - a_0(t)x^2}{a_1(t)} \ . \tag{2.7}$$

Für ein gegebenes Eingangssignal $u(t)$ wird das Ausgangssignal $x(t)$ berechnet, indem man diese Differentialgleichung löst. Wenn man für die Koeffizienten die Werte $a_0 =$

$a_1 = 1$ einsetzt und für das Eingangssignal $u(t) = t$ wählt, geht die Diffgl. (2.7) in die Differentialgleichung $\dot{x} = t - x^2$ über, die mit der Diffgl. (2.3) identisch ist und die mit Programm 2.1 gelöst wurde. Bild 2.1 ist also das gesuchte Antwortsignal des Übertragungsgliedes Diffgl. (2.6) für das Eingangssignal $u(t) = t$ und $a_0 = a_1 = 1$.

Bild 2.2.
Beispiel eines Übertragungsgliedes.

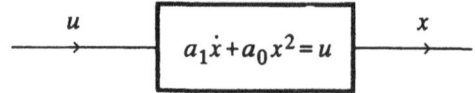

$$u \qquad \boxed{a_1\dot{x} + a_0 x^2 = u} \qquad x$$

2.2 Lösen von Differentialgleichungssystemen und Differentialgleichungen höherer Ordnung nach dem Verfahren von Runge und Kutta

Mit dem Verfahren von Runge und Kutta können auch Systeme von Differentialgleichungen erster Ordnung gelöst werden. Differentialgleichungen von zweiter und höherer Ordnung werden gelöst, indem man sie in Systeme erster Ordnung umwandelt. Wie lineare und nichtlineare Systeme gelöst werden, soll an Hand des Systems der drei Diffgln. (2.8) erläutert werden:

Gegeben seien die drei Differentialgleichungen

$$\dot{x}_1 = f_1(t, x_1, x_2, x_3), \quad \dot{x}_2 = f_2(t, x_1, x_2, x_3), \quad \dot{x}_3 = f_3(t, x_1, x_2, x_3) \tag{2.8}$$

und die Zahlenwerte x_{1j}, x_{2j} und x_{3j}, die x_1, x_2 und x_3 in dem Zeitpunkt t_j haben. Dann erhält man die Werte x_{1k}, x_{2k}, x_{3k}, die x_1, x_2, und x_3 in dem etwas späteren Zeitpunkt $t_k = t_j + h$ haben, aus den folgenden Gleichungen. In den Gleichungen haben f_2 und f_3 dieselben Argumente wie f_1, d.h. in den leeren Klammern stehen jeweils dieselben Argumente wie in der f_1-Klammer derselben Zeile.

$$k_1 = h \cdot f_1(t_j, x_{1j}, x_{2j}, x_{3j}), \qquad\qquad l_1 = h \cdot f_2(\quad), \quad m_1 = h \cdot f_3(\quad), \tag{2.9a}$$

$$k_2 = h \cdot f_1(t_j + \tfrac{h}{2}, x_{1j} + \tfrac{k_1}{2}, x_{2j} + \tfrac{l_1}{2}, x_{3j} + \tfrac{m_1}{2}), \quad l_2 = h \cdot f_2(\quad), \quad m_2 = h \cdot f_3(\quad), \tag{2.9b}$$

$$k_3 = h \cdot f_1(t_j + \tfrac{h}{2}, x_{1j} + \tfrac{k_2}{2}, x_{2j} + \tfrac{l_2}{2}, x_{3j} + \tfrac{m_2}{2}), \quad l_3 = h \cdot f_2(\quad), \quad m_3 = h \cdot f_3(\quad), \tag{2.9c}$$

$$k_4 = h \cdot f_1(t_j + h, x_{1j} + k_3, x_{2j} + l_3, x_{3j} + m_3), \qquad l_4 = h \cdot f_2(\quad), \quad m_4 = h \cdot f_3(\quad), \tag{2.9d}$$

$$x_{1k} = x_{1j} + (k_1 + 2k_2 + 2k_3 + k_4)/6, \tag{2.9e}$$

$$x_{2k} = x_{2j} + (l_1 + 2l_2 + 2l_3 + l_4)/6, \tag{2.9f}$$

$$x_{3k} = x_{3j} + (m_1 + 2m_2 + 2m_3 + m_4)/6, \tag{2.9g}$$

$$t_k = t_j + h. \tag{2.9h}$$

2.3 Simulation eines Übertragungsgliedes 2. Ordnung

Der Berechnungsgang soll am Beispiel eines Übertragungsgliedes zweiter Ordnung erläutert werden, das die nichtlineare Differentialgleichung

$$\ddot{x}_1 + \mu(x_1^2 - 1)\dot{x}_1 + \omega_0^2 x_1 = \omega_0^2 u(t) \tag{2.10}$$

hat. Aus Symmetriegründen ist in dieser Gleichung wie in allen späteren x_1 statt x geschrieben. $u(t)$ ist das Eingangssignal und $x_1(t)$ ist das Ausgangssignal, μ und ω_0 sind Konstanten. Die Funktion $u(t)$ sei gegeben und gesucht ist $x_1(t)$. Um $x_1(t)$ zu berechnen, wird die Diffgl. (2.10) in zwei Differentialgleichungen erster Ordnung zerlegt, indem

$$x_2 = \dot{x}_1 \tag{2.11}$$

gesetzt wird. Damit kann die Diffgl. (2.10) umgeformt werden in

$$\dot{x}_2 = \mu(1 - x_1^2)x_2 + \omega_0^2(u(t) - x_1) . \tag{2.12}$$

Die beiden vorstehenden Differentialgleichungen werden noch in die Form der Gln. (2.8) umgeschrieben, die allen folgenden Berechnungen zugrunde liegen. Es ergibt sich:

$$\left. \begin{aligned} \dot{x}_1 &= f_1 \quad \text{mit} \quad f_1 = x_2 , \\ \dot{x}_2 &= f_2 \quad \text{mit} \quad f_2 = \mu(1 - x_1^2)x_2 + \omega_0^2(u - x_1) . \end{aligned} \right\} \tag{2.13}$$

Für die Konstanten werden die Werte $\mu = 0.3\,\text{Sek}^{-1}$ und $\omega_0^2 = 1\,\text{Sek}^{-2}$ gewählt. Zunächst soll für das Übertragungsglied Gl.(2.10) das Antwortsignal x_1 berechnet werden, das von einem im Zeitpunkt $t = 0$ aufgeschalteten Sprung des Eingangssignals u hervorgerufen wird. Dafür sind in dem Programm 2.2 gewählt: in Zeile 14 die Anfangswerte $x_{1j} = x_{2j} = 0$ der Sprungantwort und in Zeile 70 die Höhe $u = 2$ des Eingangssprunges. Schrittgröße $h = 0.1\,\text{Sek}$. Mit den Basic-Bezeichnungen

$$\mu = \text{my} , \quad \omega_0 = \text{om0} \tag{2.14}$$

erhält man dann aus den Gleichungen (2.8), (2.9) und (2.13) das folgende Basic Programm, in welchem f_1 und f_2 durch Sprung in die Programmzeile 70 berechnet werden. Dadurch daß f_1 und f_2 in einem Unterprogramm berechnet werden, wird die Programmierung erheblich vereinfacht. Die eigentlichen Runge-Kutta-Formeln (Programmzeilen 20 bis 62) haben dadurch auch immer die gleiche Gestalt. Der Leser wird diese Formeln nach kurzer Zeit auswendig in seine Programme schreiben können. Da das Differentialgleichungssystem (2.13) nur aus zwei Differentialgleichungen besteht, vereinfachen sich die Gln.(2.8) bis (2.9h) entsprechend, weil die Größen x_{3j}, x_{3k} und m_1 bis m_4 sowie f_3 nicht auftreten.

t_k	x_{1k}	x_{2k}
0.1	0.0101	0.2027
0.2	0.0407	0.4095
0.3	0.0921	0.6184
usw.		

Nach dem Programmstart werden die nebenstehenden Werte ausgedruckt. x_1 schwingt auf den konstanten Wert $x_1 = 2$ ein, der mit $\ddot{x}_1 = \dot{x}_1 = 0$ auch aus Gl.(2.10) folgt: $x_1 = u = 2$.

Als nächstes soll das Eingangssignal $u = 0$ sein. Mit $u = 0$ geht die Diffgl. (2.10) in die (normierte) Van der Pohlsche Gleichung $\ddot{x}_1 + \mu (x_1^2 - 1)\dot{x}_1 + \omega_0^2 x_1 = 0$ über, die die Eigenschwingungen der in Bild 2.3 dargestellten Schaltung beschreibt, sofern der Verstärker a eine kubische Parabel als Kennlinie hat. Dabei ist x_1 der Spannung u_1 proportional, die in dem Bild als Spannungspfeil dargestellt ist. Für die Lösung x_1 der Van der Pohlschen Gleichung werden in Zeile 14 von Programm 2.2 die Anfangswerte $x_{1j} = 2.8$ und $x_{2j} = 0$ und außerdem in Programmzeile 70 $u = 0$ eingesetzt.

Bild 2.3.
Schaltung für die Van der Pohlsche Gleichung. a offener Verstärker mit den Ein- und Ausgangswiderständen $Re = \infty$, $Ra = 0$ und einer nach der kubischen Parabel gekrümmten Kennlinie $u_a = f(u_e)$. u_{e0} Spannung des Verstärkers im Betriebspunkt. Näheres siehe [6].

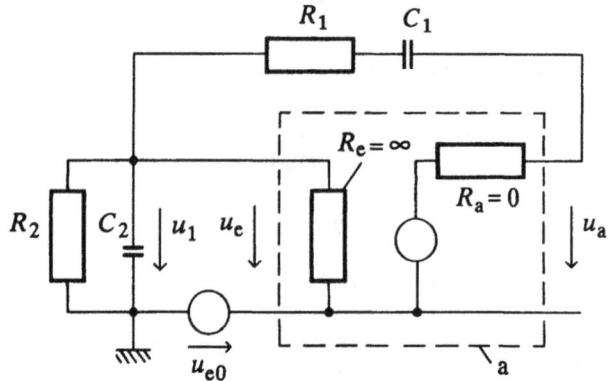

Lauffähiges Programm 2.2
Lösung der Diffgl. (2.10) und
der Van der Pohlschen Gleichung

Der Kommentar bezieht sich wie immer auf die jeweilige Programmzeile.

```
12 my=0.3:om0=1:h=0.1
14 x1j=0:x2j=0
16 FOR k=1 TO 1000

20 x1=x1j:x2=x2j
21 GOSUB 70
22 k1=h*f1:l1=h*f2

30 x1=x1j+k1/2:x2=x2j+l1/2
31 GOSUB 70
32 k2=h*f1:l2=h*f2

40 x1=x1j+k2/2:x2=x2j+l2/2
41 GOSUB 70
42 k3=h*f1:l3=h*f2
```

gewählte Konstanten

$\left.\begin{array}{l} \\ \\ \end{array}\right\}$ k_1 und l_1 nach Gln.(2.9a)

$\left.\begin{array}{l} \\ \\ \end{array}\right\}$ k_2 und l_2 nach Gln.(2.9b)

$\left.\begin{array}{l} \\ \\ \end{array}\right\}$ k_3 und l_3 nach Gln.(2.9c)

```
50 x1=x1j+k3:x2=x2j+l3
51 GOSUB 70
52 k4=h*f1:l4=h*f2
```
$\left.\begin{array}{c} \\ \\ \end{array}\right\}$ k_4 und l_4 nach Gln.(2.9d)

```
60 x1k=x1j+(k1+2*k2+2*k3+k4)/6
61 x2k=x2j+(l1+2*l2+2*l3+l4)/6
62 tk=tj+h
63 PRINT tk;x1k;x2k
64 tj=tk:x1j=x1k:x2j=x2k
65 NEXT k
66 STOP
```
x_{1k} nach Gl.(2.9e)
x_{2k} nach Gl.(2.9f)
t_k nach Gl.(2.9h)

Durchschieben der Werte von einem Programmdurchlauf zum nachfolgenden

```
70 u=2:f1=x2:f2=my*(1-x1^2)*x2+om0^2*(u-x1)
74 RETURN
```
f_1 und f_2 nach Gln.(2.13)

t_k	x_{1k}	x_{2k}
0.1	2.7869	-0.2529
0.2	2.7510	-0.4581
0.3	2.6965	-0.6257
usw.		

Wenn man das wie angegeben geänderte Programm startet, werden die
nebenstehenden Werte ausgedruckt.

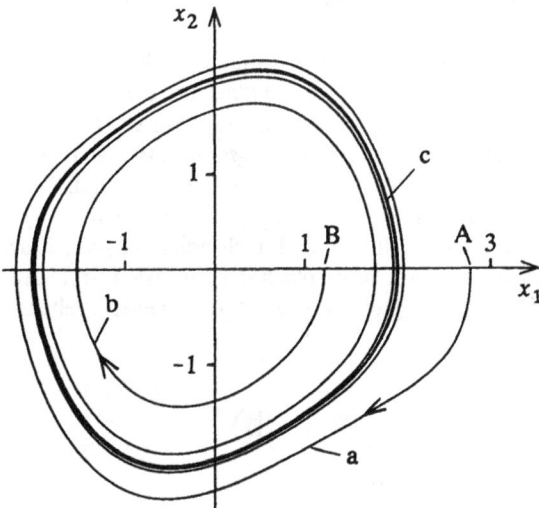

Bild 2.4.
$\dot{x}_1$-x_1-Kurven des Van der Pool-
Schwingers ($x_2 = \dot{x}_1$). Die Kurve c
ist der stabile Grenzzyklus, der
in der Auftragung von x_1 über t
durch die Schwingung Bild 2.5
dargestellt wird. Einen solchen
stabilen Grenzzyklus können nur
nichtlineare Systeme haben.

In Bild 2.4 sind die x_{2k}-Werte ($= \dot{x}_1(t_k)$) über den x_{1k}-Werten ($= x_1(t_k)$) als Kurve a
aufgetragen. Wenn man in Programmzeile 14 die Koordinaten $x_{1j} = 1.2$, $x_{2j} = 0$ des
Punktes B von Bild 2.4 einsetzt, erhält man die Kurve b. Wie Bild 2.4 zeigt, münden
die beiden Kurven a und b in den Grenzzyklus c ein, der somit eine stabile Schwingung darstellt. In Bild 2.5 ist der Grenzzyklus in der Auftragung von x_1 über t dargestellt. Um zu kontrollieren, ob $h = 0.1$ klein genug gewählt ist, wird die Simulation
mit einer 10 mal kleineren Schrittweite h wiederholt. Dafür wird im vorstehenden Pro-

gramm in Zeile 12 der Wert $h = 0.01$ eingesetzt und der Größtwert von k wird erhöht. Die mit $h = 0.01$ und mit $h = 0.1$ erhaltenen Ergebnisse sind nahezu gleich. $h = 0.1$ kann also als klein genug angesehen werden.

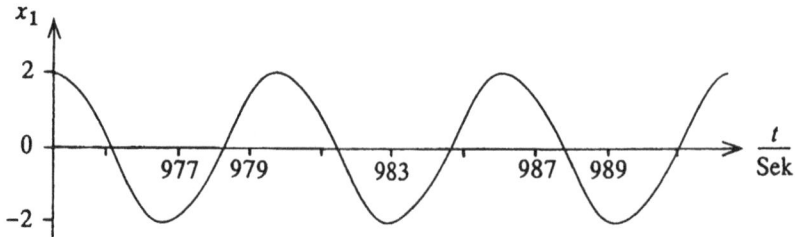

Bild 2.5. Der Grenzzyklus des Bildes 2.4 in der x_1-t-Auftragung.

2.4 Simulation einer Totzeit

Das Musterbeispiel des Totzeitgliedes ist das Förderband. Bei ihm ist die in der Zeit-einheit auf das Band fallende Schüttgutmenge Eingangssignal $u(t)$. Ausgangssignal $x(t)$ ist die in der Zeiteinheit von dem Band herunterfallende Menge. Offenbar gilt $x(t) = u(t - T_t)$, wenn T_t die Fahrzeit des Schüttgutes auf dem Förderband ist. $x(t)$ und $u(t)$ sind also gleich, jedoch ist $x(t)$ gegenüber $u(t)$ um die Totzeit T_t verschoben, wie Bild 2.6 zeigt. Dieses Übertragungsverhalten wird mit dem folgenden Programm 2.3 simuliert. In dem Programm werden indizierte $u(\nu)$ verwendet, um ohne Aufwand auch große Signalverschiebungen (Totzeiten) programmieren zu können. Die Wir-kungsweise des Programmes ist folgendermaßen: Beim Programmstart setzt Basic zunächst alle Variablen Null, so daß $u(0) = u(1) = u(2) = \ldots = u(6) = 0$ sind. Nach dem ersten Programmdurchlauf ändern zunächst $u(0)$ und $u(1)$ ihre Werte in $u(0) = u(1) = 1$. Nach dem zweiten Durchlaufen der k-Schleife wird auch noch $u(2) = 1$. Nach dem dritten Schleifendurchlauf wird auch $u(3) = 1$ usw.. Nach dem sechsten Schleifen-durchlauf wird schließlich $u(6) = 1$. Diese Überlegung wird durch den wiedergegebenen Ergebnisausdruck bestätigt.

a)   b)

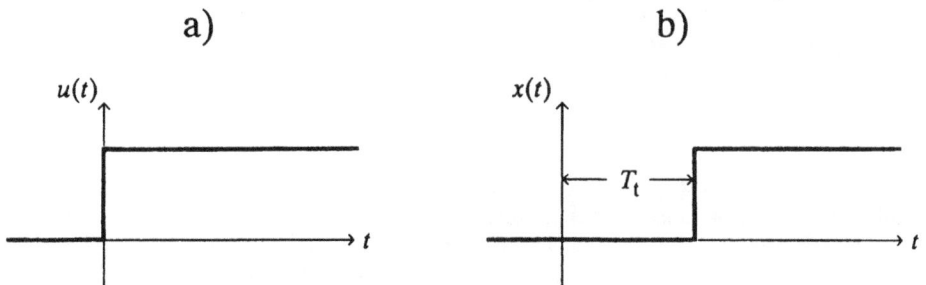

Bild 2.6. a) Sprungfunktion als Eingangssignal des Totzeitgliedes.
          b) Antwortsignal $x(t)$ des Totzeitgliedes.

Lauffähiges Programm 2.3
(Simulation einer Totzeit)

```
10 DIM u(7)              7 Speicherplätze werden für u(0) bis u(6) reserviert
15 u(0)=1
20 FOR k=1 TO 20
25 u(6)=u(5)
30 u(5)=u(4)
35 u(4)=u(3)
40 u(3)=u(2)
45 u(2)=u(1)
50 u(1)=u(0)
55 PRINT k;u(0);u(6)
60 NEXT k
```

k	$u(0)$	$u(6)$
1	1	0
2	1	0
3	1	0
4	1	0
5	1	0
6	1	1
7	1	1
8	1	1

Signalverschiebung

usw.

Nach dem Start des Programmes 2.3 werden die nebenstehenden Werte ausgedruckt. Wenn die Zeilen in das Simulationsprogramm einer Regelung eingefügt werden, dessen Schrittweite h ist, so wird eine Totzeit $T_t = 5h$ simuliert.

Große Signalverschiebungen. Bei großen Signalverschiebungen ist die vorstehende Programmierung sehr umständlich. Dann empfiehlt sich die folgende Schreibweise, in welcher die Signalverschiebung der Zeilen 25 bis 50 des vorstehenden Programmes mit der m-Schleife durchgeführt wird. Mit dieser Programmierung können später Verschiebungen von 100 und mehr Programmdurchläufen erzeugt werden. Der Leser überzeuge sich, daß das folgende Programm 2.4 dieselben Ergebnisse liefert wie das vorhergehende.

Lauffähiges Programm 2.4 (andere Form des Programmes 2.3)

```
10 DIM u(7)              7 Speicherplätze werden für u(0) bis u(6) reserviert
15 u(0)=1
20 FOR k=1 TO 20
25 FOR m=5 TO 0 STEP -1     Es wird eine Totzeit T_t=5·h programmiert
30 u(m+1)=u(m)
35 NEXT m
40 PRINT k;u(0);u(6)       in u(6) ist Index 6=Größtwert von m plus 1
45 NEXT k
```

3. Simulation der kontinuierlichen Regelungen

3.1 Begriffe der Regelungstechnik

Der Vollständigkeit halber sollen die Begriffe der Regelungstechnik kurz erläutert werden. Die Größe, die geregelt wird (meist konstant gehalten wird), heißt *Regelgröße x*. Die Anlage, die geregelt wird, heißt *Regelstrecke*. Bei der Temperaturregelung eines Raumes ist die Raumtemperatur Regelgröße, und der Raum einschließlich des Heizkörpers und des an dem Heizkörper angebrachten Regelventiles bilden die Regelstrecke. Das Temperaturmeßgeräte (sogen. *Meßwertwandler*), der Temperaturregler und der Elektromotor, der das Regelventil verstellt, bilden die *Regeleinrichtung*. Das Glied, das zum Zweck des Regelns in den Massen- oder Energiefluß eingreift, wird *Stellglied* genannt. Bei der Raumtemperaturregelung hat das Regelventil die Funktion des Stellgliedes, und der Weg des Ventilkegels ist die *Stellgröße u*. Der Wert, den die Regelgröße aufgabengemäß haben soll (im Beispiel vorgegebene Raumtemperatur), wird *Führungsgröße w* genannt. $e = w - x$ ist die *Regeldifferenz*. Jede von außen auf die Regelung einwirkende Größe, die den Regelvorgang beeinträchtigt, wird *Störgröße z* genannt. Im Beispiel der Raumtemperaturregelung ist der Öffnungswinkel der Tür eine Störgröße. Jede Regelung vollzieht sich in einem geschlossenen Wirkungsablauf, dem *Regelkreis*. Im Gegensatz dazu vollzieht sich eine *Steuerung* in einem offenen Wirkungsablauf, der *Steuerkette*. In Bild 3.1 ist der Regelkreis in Gestalt eines *Blockschaltbildes* dargestellt. Aufgabe des *Reglers* ist es, aus der gemessenen Regelgröße x eine solche Stellgröße u zu erzeugen, daß sich die Regelgröße möglichst schnell und möglichst genau an die Führungsgröße w angleicht. Die Funktion des Reglers wird durch die Reglergleichung bzw. den Regelalgorithmus beschrieben.

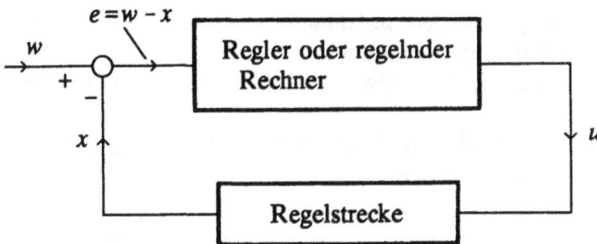

Bild 3.1.
Blockschaltbild des Regelkreises. w Führungsgröße, x Regelgröße, u Stellgröße.

Die Regelungen werden in verschiedener Weise unterteilt: *kontinuierliche Regelungen* bestehen ausschließlich aus kontinuierlichen *Übertragungsgliedern*. Das sind Übertragungsglieder, in denen sich die Signale zeitlich ununterbrochen (kontinuierlich) fortpflanzt. Außerdem gibt es noch *Abtastregelungen*. Bei diesen wird der augenblickliche Wert der Regelgröße mit einer meist konstanten *Tastperiode T* fortlaufend abgetastet. Wenn dabei als Regler ein Digitalrechner verwendet wird, spricht man von einer *digitalen Regelung* (siehe z.B. [4]). Bei ihr tastet der regelnde Rechner fortwährend im konstanten Zeitabstand T den Istwert der Regelgröße ab, berechnet nach dem einprogrammierten *Regelalgorithmus* die Stellgröße und übergibt diese an die Regelstrecke. Wenn der regelnde Rechner sehr schnell tastet (Tastperiode $T \to 0$), kann auch die digitale Regelung als kontinuierlich angesehen werden und als solche simuliert werden. Am Eingang und am Ausgang des regelnden Rechners liegen ein *Analog/digital-Wandler* bzw. ein *Digital/analog-Wandler*, die den elektrischen Meßwert x in eine Binärzahl bzw. den Zahlenwert u der Stellgröße in eine elektrische Spannung umwandeln. Der geschlossene Regelkreis entsteht dadurch, daß man das Ausgangssignal x der Regelstrecke über die Subtraktionsstelle auf den Eingang des Reglers *zurückführt* (siehe Bilder 3.1, 3.7, 4.2 usw.). Mathematisch gesehen werden nicht nur das gemessene x, sondern auch die vom Regler hieraus durch Integrieren oder Differenzieren gewonnenen Größen zurückgeführt, wie man aus den Reglergleichungen Tabelle I erkennt. Wenn auch andere Größen zurückgeführt werden (Bilder 6.2, 7.5), die entweder durch unmittelbare Messung oder mit einem Beobachter (siehe Abschnitt 6.4) gewonnen sind, soll die Regelung im Folgenden als *Zustandsregelung* bezeichnet werden. Die größere Vielfalt der Rückführung macht den Vorteil der Zustandsregelungen aus. Zu unterscheiden ist noch zwischen den *Eingrößen*- und den *Mehrfachregelungen*. Letztere sind dadurch gekennzeichnet, daß sie mehrere Regelgrößen und mehrere Stellgrößen haben.

3.2 Berechnungsgang bei der Simulation kontinuierlicher Regelungen

Bei der Simulation von Regelvorgängen ist zu unterscheiden zwischen den kontinuierlichen und den Abtastregelungen. Bei den kontinuierlichen Regelungen pflanzt sich das Regelsignal (theoretisch) mit unendlich großer Geschwindigkeit im Regelkreis ununterbrochen fort. Das führt dazu, daß bei der *Simulation kontinuierlicher Regelungen die Differentialgleichungen des Reglers und der Regelstrecke simultan zu lösen sind, d.h. die Differentialgleichungen bilden ein System, das als ganzes (simultan) zu lösen ist. Die Abtastregelungen werden auf dieselbe Weise simuliert, wobei jedoch mit einer zusätzlichen Schleife im Simulationsprogramm die Stufenkurven-Verläufe der Stellgrößen simuliert werden.* Die Abtastregelungen werden ausführlich im Abschnitt 7 behandelt.

Um die Differentialgleichungen des Reglers und der kontinuierlichen Regelstrecke nach dem Verfahren von Runge und Kutta zu lösen, müssen sie zunächst in die Form der Diffgln. (2.8) gebracht werden, d.h. sie müssen als System von Differentialgleichungen erster Ordnung geschrieben werden, wobei die Differentialgleichungen erster Ordnung auf den rechten Gleichungsseiten keine Ableitungen nach der Zeit haben dürfen, falls diese Ableitungen unendlich große Werte annehmen. In diesem Fall sind besondere Maßnahmen erforderlich (siehe Abschnitt 8). So darf nicht dw/dt auftreten, wenn w die Sprungfunktion ist. Daher wird der Regler mit Integralanteil wie im folgenden Abschnitt 3.3 behandelt.

3.3 Simulation des Reglers mit Integralanteil

Als Beispiel werde der PI-Regler betrachtet, der die Gleichung (Tabelle I, Zeile 3)

$$u = K_P \Big(w - x + \frac{1}{T_N} \int (w-x)\, dt \Big) \qquad (3.1)$$

hat. Wenn man das Integral fortschafft (Integrale kommen beim Runge-Kutta-Verfahren nicht vor), indem man die Gleichung wie folgt nach der Zeit ableitet:

$$\dot{u} = K_P \Big(\frac{d(w-x)}{dt} + \frac{1}{T_N}(w-x) \Big) ,$$

so tritt die Ableitung $d(w-x)/dt$ auf. Diese Ableitung wird unendlich, wenn $w(t)$ z.B. die Sprungfunktion ist. Daher soll die letzte Gleichung nicht verwendet werden. Man kann sie folgendermaßen vermeiden: Um das Integral der Gl.(3.1) mit der im Runge-Kutta-Verfahren erzielbaren Genauigkeit zu berechnen, wird es getrennt ermittelt, indem für das Integral eine neue Variable x_3 eingeführt wird gemäß der Gleichung (x und w versehen wir in den Runge-Kutta-Gleichungen aus Symmetriegründen mit dem Index 1, Bezeichnung x_3 wegen späterer Anwendung):

$$x_3 = \int (w_1 - x_1)\, dt . \qquad (3.2)$$

Durch Ableiten nach der Zeit erhält man hieraus die Differentialgleichung

$$\dot{x}_3 = f_3 \quad \text{mit} \quad f_3 = w_1 - x_1 , \qquad (3.3)$$

die die erforderliche Form der Diffgln. (2.8) hat und deren rechte Seite f_3 auch endlich ist, wenn w_1 eine Sprungfunktion ist. Damit lautet die Gl.(3.1) des PI-Reglers:

$$u = K_P \Big(w_1 - x_1 + \frac{1}{T_N} x_3 \Big) . \qquad (3.4)$$

Nähere Ausführungen hierzu in Programm 3.1.

3.4 Gütemaß und selbstoptimierende Regelungen

Um ein objektives Maß für die Güte einer Regelung zu haben, hat man ein *Gütemaß* G_M eingeführt. Die Regelung gilt als optimal, wenn man den Parametern des Reglers solche Werte gegeben hat, daß G_M einen möglichst kleinen Wert hat. Bekannte Gütemaße für die Schnelligkeit des Einschwingens des Regelkreises sind:

1. Die *"lineare Regelfläche"* $G_M = \int |w-x|\, dt$, \qquad (3.5)

2. Die *"quadratische Regelfläche"* $G_M = \int (w-x)^2 dt$, \qquad (3.6)

3. Das *"integral of time-multiplied absolute error"* $G_M = \int t\, |w-x|\, dt$ \qquad (3.7)

und andere. Man kann das Gütemaß auch benutzen, um der Regelung andere
gewünschte Eigenschaften zu geben. In dem nachfolgenden Beispiel wird mit Hilfe
eines Gütemaßes die Regelung so ausgelegt, daß nach einem Führungssprung die
Regelgröße auf die Führungsgröße einschwingt, wobei ein maximales Überschwingen
von 20% im Zeitpunkt $t = 2.5$ Sek auftreten soll (siehe Bild 3.3, Kurve a). Es bezeichnen x_{kmax} den Gipfelwert der Führungssprungantwort und t_{kmax} den Zeitpunkt, in
welchem x_{kmax} auftritt. Für das angestrebte Ziel wird das Gütemaß

$$G_M = |x_{kmax} - 1.2w| + |t_{kmax} - 2.5| \tag{3.8}$$

verwendet. Offenbar hat dieses Gütemaß seinen Kleinstwert, wenn gleichzeitig
$x_{kmax} = 1.2w$ und $t_{kmax} = 2.5$ sind. Indem man den Parametern des Reglers (K_P und
T_N beim PI-Regler) solche Werte gibt, daß G_M möglichst klein ist, bekommt die
Regelung also das gewünschte Zeitverhalten. *Diese "optimalen" Regelparameter
kann man bestimmen durch Simulieren einer selbstoptimierenden Regelung,
die selbsttätig G_M minimiert*, was weiter unten geschieht.

3.5 Simulation einer kontinuierlichen Regelung, Kontrolle der Simulationsgenauigkeit, Parameterbestimmung mit Simulation einer selbstoptimierenden Regelung

Um die Genauigkeit des Berechnungsverfahrens kontrollieren zu können, wird die
lineare Regelung Bild 3.2 simuliert, weil diese auch mathematisch exakt berechnet
werden kann. Die schwingungsfähige Regelstrecke 2. Ordnung habe den Dämpfungs-
grad $D = 0.8$ und die Kennkreisfrequenz $\omega_0 = 1$ Sek^{-1}. Aus Symmetriegründen bekommen x und w zukünftig immer den Index 1: $x_1 \equiv x$, $w_1 \equiv w$. Zu der in Bild 3.2 angegebenen Übertragungsfunktion der Regelstrecke gehört bekanntlich die Diffentialglei-
chung ($a_1 = 2D\omega_0 = 1.6$ Sek^{-1}, $a_0 = \omega_0^2 = 1$ Sek^{-2}, $b_0 = 1.3$ Sek^{-2}):

$$\ddot{x}_1 + a_1\dot{x}_1 + a_0 x_1 = b_0 u . \tag{3.9}$$

Sie wird mit dem PI-Regler Gl.(3.1) geregelt. Der PI-Regler habe die (im nächsten
Abschnitt ermittelten) Beiwerte $K_P = 1.2522$, $T_N = 1.3022$. Der Verlauf der Regelgröße
ist zu simulieren für die Sprungfunktion $w_1 = 1$ als Führungsgröße.

Bild 3.2.
Der Regelkreis von
Programm 3.1. a PI-
Regler Gl.(3.1), b li-
neare Regelstrecke
(schwingungsfähig).

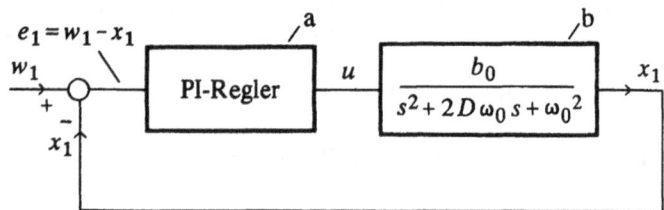

Um aus der Diffgl. (3.9) zwei Differentialgleichungen 1. Ordnung zu machen, wird

$$\dot{x}_1 = x_2 \qquad\qquad (3.10)$$

gesetzt. Hiermit geht die Diffgl. (3.9) über in die Gestalt

$$\dot{x}_2 + a_1 x_2 + a_0 x_1 = b_0 u \ . \qquad\qquad (3.11)$$

Aus dieser Gleichung und der Gl.(3.10) folgt nun das gesuchte Differentialgleichungs-system der Form Gln.(2.8):

$$\left.\begin{aligned} \dot{x}_1 = f_1 \quad &\text{mit} \quad f_1 = x_2 \ , \\[2mm] \dot{x}_2 = f_2 \quad &\text{mit} \quad f_2 = b_0 u - a_0 x_1 - a_1 x_2 \ . \end{aligned}\right\} \quad (3.12)$$

Nach den obigen Ausführungen wird der PI-Regler durch die Gln.(3.3) und (3.4) simuliert, indem eine weitere Variable x_3 eingeführt wird, so daß zu den beiden vorste-henden Gleichungen (3.12) noch die folgenden hinzutreten:

$$\left.\begin{aligned} \dot{x}_3 = f_3 \quad &\text{mit} \quad f_3 = w_1 - x_1 \ , \\[2mm] u = K_{\mathrm{P}}&\left(w_1 - x_1 + \frac{1}{T_{\mathrm{N}}} x_3\right) . \end{aligned}\right\} \quad (3.13)$$

Mit diesen Gleichungen erhält man das folgende Programm, das nichts weiter tut, als das Differentialgleichungssystem Gln.(3.12), (3.13) zu lösen für $w_1 = 1$.

Lauffähiges Programm 3.1

```
10 h=0.01:b0=1.3:a1=1.6:a0=1          h und Konstanten der Regelstrecke
11 KP=1.2522:TN=1.3022                Konstanten des Reglers, siehe Text
14 tj=0:x1j=0:x2j=0:x3j=0             Anfangswerte von t, x₁, x₂ und x₃
16 FOR k=1 TO 1000                    Runge-Kutta-Verfahren

20 t=tj:x1=x1j:x2=x2j:x3=x3j                        "
21 GOSUB 90                                         "
22 k1=h*f1:l1=h*f2:m1=h*f3                          "

30 t=tj+h/2:x1=x1j+k1/2:x2=x2j+l1/2:x3=x3j+m1/2     "
31 GOSUB 90                                         "
32 k2=h*f1:l2=h*f2:m2=h*f3                          "

40 t=tj+h/2:x1=x1j+k2/2:x2=x2j+l2/2:x3=x3j+m2/2     "
41 GOSUB 90                                         "
42 k3=h*f1:l3=h*f2:m3=h*f3                          "

50 t=tj+h:x1=x1j+k3:x2=x2j+l3:x3=x3j+m3             "
51 GOSUB 90                                         "
52 k4=h*f1:l4=h*f2:m4=h*f3                          "
```

```
60 x1k=x1j+(k1+2*k2+2*k3+k4)/6                              "
61 x2k=x2j+(l1+2*l2+2*l3+l4)/6                              "
62 x3k=x3j+(m1+2*m2+2*m3+m4)/6                              "
63 tk=tj+h                                                  "
70 IF k/20=INT(k/20) THEN PRINT tk;x1k      Drucken jedes 20-ten Wertepaares
72 tj=tk:x1j=x1k:x2j=x2k:x3j=x3k             Durchschieben der Größen
74 NEXT k
87 STOP


90 w1=1                                       gegebene Führungsgröße w1
92 u=KP*(w1-x1+x3/TN)                         Stellgröße u nach Gl.(3.13)
94 f1=x2:f2=b0*u-a0*x1-a1*x2:f3=w1-x1         f1, f2, f3 nach Gln.(3.12),(3.13)
96 RETURN
```

Da x_1, x_2 und x_3 nach Zeile 14 die Anfangswerte 0 haben und w_1 (ab Zeitpunkt $t=0$) den Wert $w_1=1$ hat, berechnet das Programm die Führungssprungantwort für einen im Zeitpunkt $t=0$ stattfindenden Führungsgrößensprung der Sprunghöhe 1. Wenn man das Programm mit RUN startet, werden für x_{1k} die Werte der mittleren Spalte der folgenden Tabelle ausgedruckt, die in Bild 3.3 als Kurve a aufgetragen sind. Zum Vergleich sind in die Tabelle auch die mit der Laplace-Transformation berechneten exakten Werte eingetragen. Man könnte die Berechnungsgenauigkeit mit einem kleineren h noch weiter steigern. **Mit dem Programm kann man auch das Störverhalten simulieren.** Wenn als Störung z.B. ein Sinussignal $sin(t)$ simuliert werden soll, das ab dem Zeitpunkt $t_k=2$ Sek auf u aufgeschaltetet wird, so ist in Zeile 90 w1=0 zu setzen und die folgende Zeile ist einzuschieben: 93 IF tk>2−h/2 THEN u=u+sin(t).

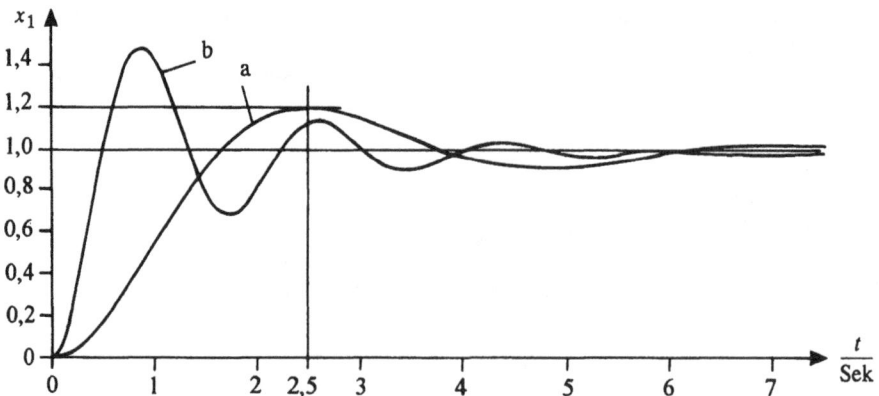

Bild 3.3. Führungssprungantworten, simuliert mit Programm 3.1. Für Kurve a sind K_P und T_N so bestimmt, daß im Zeitpunkt $t=2.5$ Sekunden das maximale Überschwingen von 20% auftritt. Kurve b Regelung mit minimaler linearer Regelfläche der Führungssprungantwort.

t_k over Sek	x_{1k} mit Programm 3.1 berechnet	x_{1k} mathematisch exakte Werte
0	0	0
0.2	0.0306234984	0.0306234985
0.4	0.1139415641	0.1139415643
0.6	0.2359458726	0.2359458728
0.8	0.3821348754	0.3821348756
	usw.	

Tabelle 3.1 Vergleich zwischen den mit Programm 3.1 berechneten x_{1k}-Werten und den mathematisch exakten. Abweichungen zwischen den x_{1k}-Werten treten erst in der zehnten Stelle hinter dem Komma auf.

Selbstoptimierende Regelung zur Bestimmung von K_P und T_N für vorgegebenes Überschwingen der Führungssprungantwort. Als nächstes soll das Wertepaar K_P, T_N ermittelt werden, das die Kurve a von Bild 3.3 ergibt mit einem maximalen Überschwingen von 20%, das im Zeitpunkt $t = 2.5$ Sek auftritt. Damit das Programm ein solches Wertepaar von allein aufsucht, wird gemäß den Erläuterungen Abschnitt 3.4 das Gütemaß $G_M = |x_{1kmax} - 1.2w_1| + |t_{kmax} - 2.5|$ zum Minimum gemacht (x_{1kmax} ist der Gipfelpunkt der Einschwingkurve und t_{kmax} ist der Zeitpunkt, in welchem x_{1kmax} auftritt). Im Grenzfall $G_M = 0$ müssen offenbar $x_{1kmax} = 1.2w_1$ und $t_{kmax} = 2.5$ sein, womit das angestrebte Ziel erreicht ist. In manchen Fällen kann es vorteilhaft sein, wenn man einen der Summanden von G_M mit einem frei gewählten Faktor (z.B. 100) multipliziert, damit der Summand ein größeres Gewicht bekommt. Um das gesuchte Wertepaar K_P, T_N zu ermitteln, wird das vorhergehende Programm 3.1 mit den folgenden Zeilen zu einer selbstoptimierenden Regelung ergänzt bzw. abgeändert:

Änderung 1 des Programmes 3.1 (Bestimmung von K_P, T_N für Kurve a, Bild 3.3)

```
11 KP = 3:TN = 2                          Startwerte von KP und TN gewählt
12 GMmin = 100000        GMmin wird auf belieb. sehr hohen Anfangswert gesetzt
15 GM = 0:x1kmax = 0      vor der k-Schleife werden GM und x1kmax auf Null gesetzt
64 IF x1k> = x1kmax THEN x1kmax = x1k:tkmax = tk    Berechnung von x1kmax und
70 Zeile 70 ist zu löschen                                                tkmax
78 GM = ABS(x1kmax - 1.2*w1) + ABS(tkmax - 2.5)           GM nach Gl.(3.8)
80 IF GM> = GMmin GOTO 84
82 GMmin = GM:S1 = KP:S2 = TN:D1 = KP/10:D2 = TN/10    { neues GMmin, Verschie-
                                                       { ben Rechteck Bild 3.4
83 PRINT GMmin;KP;TN;x1kmax;tkmax                       { neue Randomzahlen
84 KP = S1 + D1*(0.5 - RND(1)):TN = S2 + D2*(0.5 - RND(1))  { für KP und TN
85 GOTO 14
```

Die Wirkungsweise ist folgendermaßen: In der Zeile 84 bekommen K_P und T_N Zufallswerte aus dem Rechteck von Bild 3.4. Mit diesen wird in der k-Schleife die Führungssprungantwort berechnet. Als Seitenlängen des Randombereiches sind $D_1 = K_P/10$ und $D_2 = T_N/10$ gewählt. Mit Zeile 64 ermittelt man den Gipfel x_{1kmax} der Einschwingkurve sowie den Zeitpunkt t_{kmax}, in welchem x_{1kmax} auftritt. In der Zeile 78 wird das Gütemaß G_M berechnet. Wenn dieser G_M-Wert größer oder gleich dem

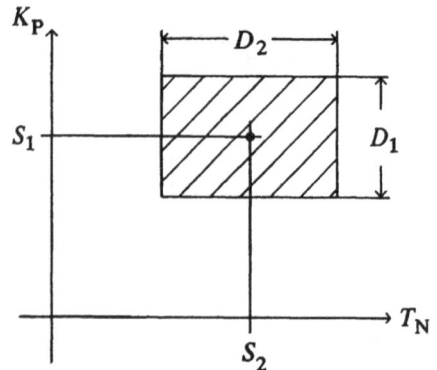

Bild 3.4.
Der Rechteckbereich, aus dem die Zufallszahlen entnommen werden. Während des Optimierungsvorganges verschiebt sich der Mittelpunkt S_2, S_1 des Rechtecks und mit ihm das ganze Rechteck fortwährend in Richtung abnehmenden Gütemaßes G_M.

bisherigen Kleinstwert G_{Mmin} von G_M ist, dann wird von Zeile 80 nach Zeile 84 gesprungen und für K_P und T_N werden neue Zufallszahlen eingesetzt. Wenn jedoch der G_M-Wert kleiner ist als sein bisheriger Kleinstwert G_{Mmin}, dann wird in Zeile 82 dieses G_M zum neuen G_{Mmin} gemacht und der Rechteckbereich Bild 3.4 wird so verschoben, daß die letzten Werte von K_P und T_N, die das neue G_{Mmin} ergeben hatten, in den Mittelpunkt des Rechtecks fallen. Das Verschieben des Rechteckbereiches geschieht dadurch, daß in Zeile 82 S1 = KP und S2 = TN gesetzt werden. Wenn man das geänderte Programm 3.1 startet, werden die folgenden Werte ausgedruckt:

G_{Mmin}	K_P	T_N	x_{1kmax}	t_{kmax}
1.008452	3.000000	2.000000	1.298452	1.590000
0.948511	2.859414	2.059658	1.278511	1.630000
. . . .	. . . .	. . . .	. . . .	. . . .
0.000350	1.249837	1.299986	1.200350	2.500000
0.000189	1.252181	1.302212	1.200189	2.500000

Man erkennt aus diesen Zahlen, wie x_{1kmax} und t_{kmax} den vorgegebenen Werten 1.2 und 2.5 immer näher kommen, wobei das Gütemaß G_M immer kleiner wird. Je länger man das Programm laufen läßt, desto genauer wird die Annäherung. Die letzten Tabellenwerte wurden als genau genug angesehen und die Berechnung der Optimalwerte von K_P und T_N abgebrochen. Mit $K_P = 1.2522$ und $T_N = 1.3022$ ist oben mit dem (originalen) Programm 3.1 die Führungssprungantwort berechnet worden, indem diese beiden Werte in die Programmzeile 11 eingesetzt wurden. Es ergab sich die Kurve a von Bild 3.3, die das verlangte Überschwingen hat.

Selbstoptimierende Regelung zum Minimieren der linearen Regelfläche. Als nächstes soll das Programm derart geändert werden, daß die beiden Parameter K_P und T_N sich so einstellen, daß die lineare Regelfläche (s. Abschnitt 3.4) $G_M = \int |w_1 - x_{1k}| dt$ möglichst klein ist. Dabei wird der Wert, den G_M im Zeitpunkt $t = k \cdot h$ hat, als Summe $G_M = \sum h |w_1 - x_{1k}|$ berechnet. Dies geschieht in Zeile 64 der folgenden Änderung 2. Wirkungsweise dieser Änderung wie die der Änderung 1, siehe oben. Durch Ausdrucken von $10^8 (w_1 - x_{1k})$ in Zeile 83 wird kontrolliert, ob das Einschwingen am Ende der k-Schleife beendet ist. Anderenfalls müßte der Endwert von k vergrößert werden. Das Programm benötigt einige Rechenzeit.

Änderung 2 des Programmes 3.1 (Bestimmung von K_P, T_N für Kurve b, Bild 3.3)

11 KP=3:TN=2	Startwerte von K_P und T_N gewählt
12 GMmin=100000	G_{Mmin} wird auf beliebigen hohen Anfangswert gesetzt
15 GM=0	Vor der k-Schleife wird $G_M=0$ gesetzt
16 FOR k=1 TO 40000	Beginn der k-Schleife
64 GM=GM+h*ABS(w1-x1k)	Berechnung der linearen Regelfläche
70 Zeile 70 löschen	
80 IF GM>=GMmin GOTO 84	
82 GMmin=GM:S1=KP:S2=TN:D1=KP/10:D2=TN/10	{ neues G_{Mmin}, Verschieben Rechteck Bild 3.4
83 PRINT 10^8*(w1-x1k);GMmin;KP;TN	
84 KP=S1+D1*(0.5-RND(1)):TN=S2+D1*(0.5-RND(1))	{ neue Randomzahlen für K_P und T_N
85 GOTO 14	

Wenn man das mit dieser Änderung versehene Programm 3.1 startet, wird als erreichbarer Kleinstwert $G_M=0.83$ bei $K_P>500$ ausgedruckt. Da so hohe Reglerverstärkungen nachteilig sind, wird $K_P=10$ gewählt und in Zeile 11 eingesetzt und nur T_N optimiert, indem in Zeile 84 die Anweisung für K_P fortgelassen wird. Man erhält dann als neuen Optimalwert $G_M=0.9706$ bei $K_P=10$, $T_N=3.9443$, also einen G_M-Wert, der unwesentlich größer ist als 0.83. Mit diesen Werten von K_P und T_N ergibt das (ursprüngliche) Programm 3.1 die Kurve b von Bild 3.3.

3.6 Simulation des Stör- und Führungsverhaltens einer nichtlinearen kontinuierlichen Regelung

Das im Vorhergehenden beschriebene Berechnungsverfahren gilt gleichermaßen für **lineare, nichtlineare, variante** und **invariante** kontinuierliche Regelungen. Bei den nichtlinearen Regelungen zeigt es erst seine ganze Kraft. Gemäß obigen Ausführungen wird das Zeitverhalten kontinuierlicher Regelungen berechnet durch Lösen der Differentialgleichungen des Regelkreises, die sich zusammensetzen aus den Differentialgleichungen der Regelstrecke und des Reglers. Dabei müssen alle Differentialgleichungen in die Form der Gln.(2.8) gebracht werden, d.h. sie müssen als Differentialgleichungssystem erster Ordnung geschrieben werden. Als Beispiel einer nichtlinearen kontinuierlichen Regelung soll nun die in Bild 3.5 dargestellte Wasserstandsregelung simuliert werden. Die folgende Aufgabe wird gelöst:

Der Behälter sei zunächst ganz leer, und im Zeitpunkt $t=20$ Sek werde die Führungsgröße w_1 (vorgegebene Wasserstandshöhe) schlagartig von 0 auf 40 cm erhöht und auf diesem Wert konstant gehalten. Im Zeitpunkt $t=700$ Sekunden setzt außerdem als Störgröße ein Wasserzufluß Q_{zu}^* ein. Zu simulieren ist der hierdurch hervorgerufene zeitliche Verlauf der Wasserstandshöhe. Als Regler wird ein PI-Regler verwendet, der nach Tabelle I, Zeile 3 die Gleichung ($\overline{x}_1$ Wasserstandshöhe im Behälter in Volt, $\overline{w}_1$ Führungsgröße in Volt, u Stellgröße in Volt, siehe hierzu Bild 3.5)

$$u = K_P(\overline{w}_1 - \overline{x}_1 + \frac{1}{T_N} \int (\overline{w}_1 - \overline{x}_1) dt) \tag{3.14}$$

hat. Zunächst müssen die Differentialgleichungen der Regelstrecke aufgestellt werden.

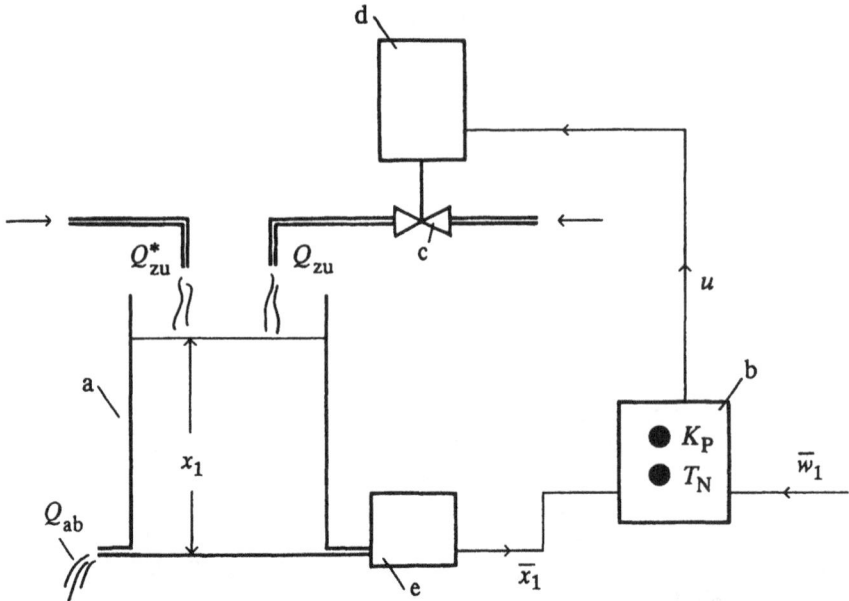

Bild 3.5. Nichtlineare Niveau-Regelung. a Behälter, b elektrischer PI-Regler, c Regelventil, d Ventilantrieb, e Meßwertwandler. Der Meßwertwandler wirkt proportional mit dem Meßfaktor M_F, so daß $\overline{x_1}$(Volt)$= M_F$(Volt/cm)$\cdot x_1$(cm)
das Ausgangssignal des Meßwertwandlers ist. $\overline{w}_1 = M_F \cdot w_1$ ist die in Volt um-
gerechnete Führungsgröße. u Stellgröße in Volt.

Für den Behälter gilt die Mengenbilanz: Die Zunahme der Behälterfüllung in der Zeiteinheit $F dx_1/dt$ (F Behälterquerschnitt, dx_1/dt Anstiegsgeschwindigkeit des Wasser-
spiegels) muß gleich sein der Differenz der in der Zeiteinheit in den Behälter eintretenden und austretenden Wassermengen. Als Formel:

$$F \frac{dx_1}{dt} = Q_{zu} + Q_{zu}^* - Q_{ab} \,. \tag{3.15}$$

Hierin sind Q_{zu} und Q_{zu}^* die Flüssigkeitsmengen, die durch zwei Rohrleitungen in
der Zeiteinheit in den Behälter eintreten, und Q_{ab} ist die Wassermernge, die in der
Zeiteinheit aus dem Behälter austritt. Nach der Torricellischen Ausflußformel ist Q_{ab}
$= a_1 \sqrt{2g x_1}$ mit $g = 981$ cm/Sek^2 und einer Konstanten a_1. Das Ventil in Bild 3.5
möge die in Bild 3.6 dargestellte gekrümmte Ventilkennlinie haben, so daß für den
durch das Ventil in den Behälter eintretenden Wasserstrom Q_{zu} gilt: $Q_{zu} = a_2 \, atn \, x_2$
(a_2 Konstante, x_2 in cm gemessener Öffnungsweg des Ventils dividiert durch 1 cm,
atn arcus tangens) [1]. Es sei $Q_{zu}^* = a_3(1 - cos(0.05t))$ mit einer Konstanten a_3. Mit diesen Gleichungen und mit neuen Konstanten $c_1 = a_1/F$, $c_2 = a_2/F$, $c_3 = a_3/F$ geht
Gl.(3.15) in die folgende Gleichung über, wobei $z = Q_{zu}^*/F$ als Störgröße betrachtet wird:

$$\dot{x}_1 = c_2 \, atn \, x_2 + z - c_1 \sqrt{2g x_1} \quad \text{mit} \quad z = c_3(1 - cos(0.05t)) \,. \tag{3.16}$$

---

[1] Das Argument x_2 von atn muß dimensionslos sein, weil atn eine transzendente Funktion ist.

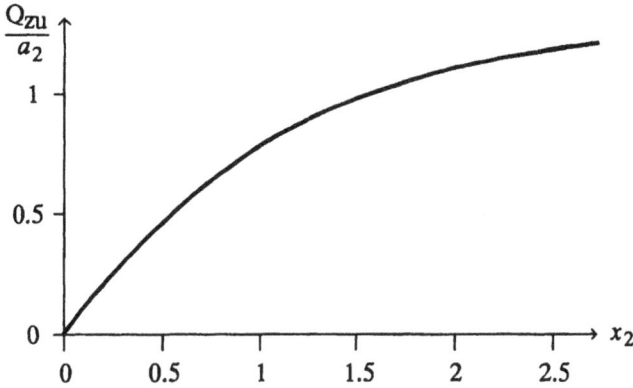

Bild 3.6.
Die Ventilkennlinie des
Ventils von Bild 3.5.

Für die Konstanten c_1, c_2, c_3 werden die Werte $c_1 = 0.004$, $c_2 = 1.8$ cm/Sek und $c_3 = 0.25$ cm/Sek angenommen. Schließlich wird die Differentialgleichung (3.16) noch in die Form der Diffgln. (2.8) umgeschrieben wie folgt:

$$\dot{x}_1 = f_1 \quad \text{mit} \quad f_1 = c_2 \, atn x_2 + z - c_1 \sqrt{2 g x_1} \text{ und } z = c_3 (1 - cos(0.05t)) . \quad (3.17)$$

Als Ventilantrieb dient ein Elektromotor mit Rückkopplung des Ventilweges. u ist die dem Motor zugeführte Spannung. Dann gilt für den dimensionslosen Ventilweg x_2 die Differentialgleichung ($T_1 = 5$ Sek, $b_0 = 0.1$ Volt^{-1} gewählte Konstanten)

$$T_1 \dot{x}_2 + x_2 = b_0 u ,$$

aus der man durch Auflösen nach $\dot{x}_2$ die Gleichung

$$\dot{x}_2 = \frac{b_0 u - x_2}{T_1} \quad (3.18)$$

erhält. In der Form der Diffgln. (2.8) wird sie so geschrieben:

$$\dot{x}_2 = f_2 \quad \text{mit} \quad f_2 = \frac{b_0 u - x_2}{T_1} . \quad (3.19)$$

Schließlich muß noch die Reglergleichung (3.14) in eine Gestalt gebracht werden, die für das Runge-Kutta-Verfahren geeignet ist. Das ist schon in Abschnitt 3.3 geschehen. Wir übernehmen von dorther das Ergebnis Gln.(3.3), (3.4). Mit einer neuen Variablen $x_3 = \int (w_1 - x_1) dt$ und dem Meßfaktor M_F gilt für die Reihenschaltung von Regler und Meßwertwandler:

$$\dot{x}_3 = f_3 \quad \text{mit} \quad f_3 = w_1 - x_1 , \quad (3.20)$$

$$u = K_P M_F \left(w_1 - x_1 + \frac{x_3}{T_N} \right) . \quad (3.21)$$

Bild 3.7 zeigt noch einmal den Regelkreis mit den Differentialgleichungen seiner Teile. Es verbleibt jetzt die Aufgabe, die drei Differentialgleichungen (3.17), (3.19), (3.20) mit u nach Gl.(3.21) mittels des Runge-Kutta-Verfahrens von Abschnitt 2.2 zu lösen.

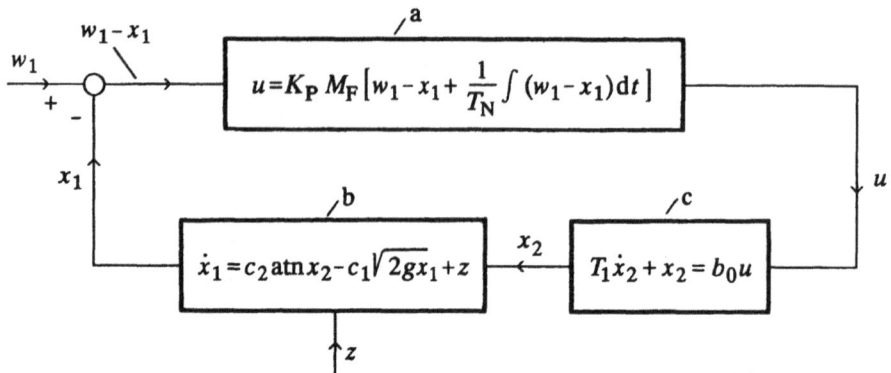

Bild 3.7. Blockschaltbild der Niveauregelung. a Regler mit Meßwertwandler, b Behälter und Ventil, c Ventilantrieb, z Störgröße, x_2 Ventilweg.

Das geschieht mit dem folgende Programm. In dem Programm ist $KPMF = K_P \cdot M_F = 0.07$ (Zahlenwert gewählt) das Produkt des Meßfaktors M_F des Meßwertwandlers und der Reglerverstärkung K_P. In den Zeilen 70 und 71 werden die Störungs- und die Führungsgröße aufgeschaltet, wobei zu beachten ist, daß die IF-Bedingungen mit t_k (nicht mit t) zu bilden sind, weil innerhalb eines Runge-Kutta-Schrittes keine Unstetigkeiten auftreten dürfen (siehe Anhang 9.1).

Lauffähiges Programm 3.2
Simulation des Führungs- und Störverhaltens der
nichtlinearen Wasserstandsregelung Bild 3.5)

```
10 h = 0.02:KPMF = 0.07:TN = 15:g = 981          gewählte Konstanten, Erdbeschleun.
11 c1 = 0.004:c2 = 1.8:c3 = 0.25:T1 = 5:b0 = 0.1          gegebene Konstanten
12 tj = 0:x1j = 0:x2j = 0:x3j = 0          Anfangswerte werden Null gesetzt

13 FOR k = 1 TO 75000

20 t = tj:x1 = x1j:x2 = x2j:x3 = x3j          Runge-Kutta-Verfahren
21 GOSUB 70                                        "
22 k1 = h*f1:l1 = h*f2:m1 = h*f3                   "

30 t = tj + h/2:x1 = x1j + k1/2:x2 = x2j + l1/2:x3 = x3j + m1/2          "
31 GOSUB 70                                        "
32 k2 = h*f1:l2 = h*f2:m2 = h*f3                   "

40 t = tj + h/2:x1 = x1j + k2/2:x2 = x2j + l2/2:x3 = x3j + m2/2          "
41 GOSUB 70                                        "
42 k3 = h*f1:l3 = h*f2:m3 = h*f3                   "

50 t = tj + h:x1 = x1j + k3:x2 = x2j + l3:x3 = x3j + m3          "
51 GOSUB 70                                        "
52 k4 = h*f1:l4 = h*f2:m4 = h*f3                   "
```

```
60 x1k=x1j+(k1+2*k2+2*k3+k4)/6                           "
61 x2k=x2j+(l1+2*l2+2*l3+l4)/6                           "
62 x3k=x3j+(m1+2*m2+2*m3+m4)/6                           "
63 tk=tj+h                                               "

64 tj=tk:x1j=x1k:x2j=x2k:x3j=x3k          Durchschieben der Werte
65 IF k/500=INT(k/500) THEN PRINT tk;x1k;x2k
68 NEXT k
69 STOP
```

```
70 IF tk>700-h/2 THEN z=c3*(1-cos(0.05*t))    Störung z Gl.(3.17), s. Abschn. 1
71 IF tk>20-h/2 THEN w1=40                     w1- Sprung aufschalten, s. Abschn. 1
72 IF x1<0 THEN x1=0                Wegen SQR für Programmstart, evtl. überflüssig
75 f1=c2*atn(x2)-c1*SQR(2*g*x1)+z                        f1 nach Gl.(3.17)
76 u=KPMF*(w1-x1+x3/TN)                                  u nach Gln.(3.21)
78 f2=(b0*u-x2)/T1:f3=w1-x1             f2 und f3 nach Gln.(3.19),(3.20)
79 RETURN
```

t_k	x_{1k}	x_{2k}
Sek	cm	
10	0.0000	0.0000
20	0.0000	0.0000
30	2.0904	0.3398
40	5.9515	0.5155
50	10.4161	0.6478
60	15.1191	0.7540
usw.		

Nach dem Programmstart werden die nebenstehenden Werte ausgedruckt, die in Bild 3.8 bis $t=1500$ Sek aufgetragen sind. Beachte: x_{1k} und x_{2k} sind wie immer die Werte, die x_1 bzw. x_2 in den Zeitpunkten $t_k = k \cdot h$ ($k=0,1,2,\ldots$) haben.

3.7 Simulation zeitvarianter Regelungen

Ein Regelkreis ist zeitvariant (oder kurz variant), wenn einer oder mehrere Beiwerte der Regelstrecke oder des Reglers (des Regelalgorithmus bei digitalen Regelungen) Funktionen der Zeit sind. Beispielsweise kann man bei der vorstehend simulierten Wasserstandsregelung z als einen zeitveränderlichen Parameter der Diffgl. (3.16) auffassen. Programm 3.2 ist dann das Programm zur Simulation dieser zeitvarianten Regelung. Man erkennt hieran, daß eine zeitvariante Regelung nach demselben Schema simuliert wird wie eine invariante; nur sind für die zeitveränderlichen Parameter gegebenen Zeitfunktionen einzusetzen (wie in Programm 3.2 für z).

3.8 Simulation der Regelungen mit Vorhaltgliedern

Übertragungsglieder, in deren Differentialgleichungen auch Terme mit Zeitableitungen n-ter Ordnung des Eingangssignals auftreten (sogen. Vorhaltterme), werden als Vorhalt-

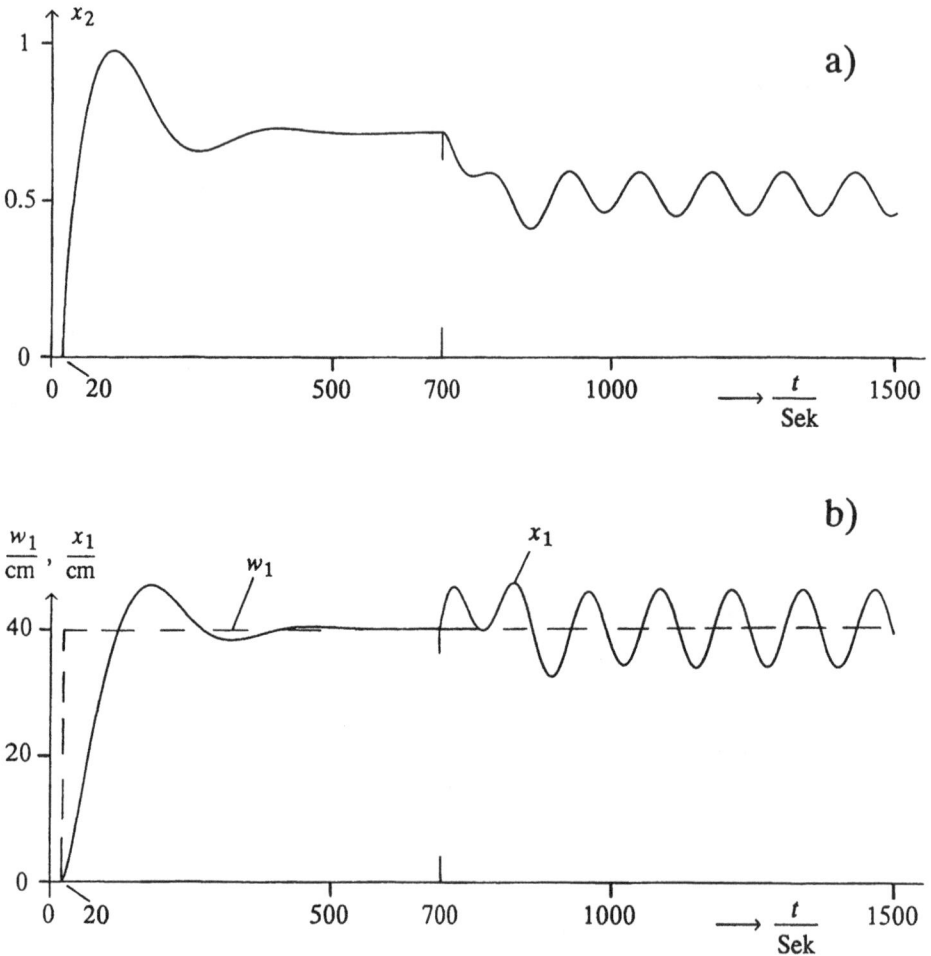

Bild 3.8. Führungs- und Störverhalten der Niveauregelung Bild 3.5, simuliert mit Programm 3.2. x_2 Ventilweg, x_1 Wasserstandshöhe. Die Führungsgröße w_1 springt im Zeipunkt $t = 20$ Sek von 0 auf 40 cm, und im Zeitpunkt $t = 700$ Sek wird als Störgröße z die Cosinusschwingung von Gl.(3.16) aufgeschaltet.

glieder n-ter Ordnung bezeichnet. Wenn solche Übertragungsglieder auftreten, ist besondere Vorsicht geboten, weil Vorhaltterme während des Regelvorganges in manchen Fällen unendlich werden. Näheres hierüber findet sich in Abschnitt 8. Wenn jedoch alle Terme der Differentialgleichungen immer endlich bleiben, sind keine besonderen Maßnahmen erforderlich, und die Simulation erfolgt einfach wie im vorhergehenden Abschnitt beschrieben. Als Beispiel hierfür soll bei der Regelung von Programm 3.2 statt des PI-Reglers ein PID-Regler verwendet werden. Dieser hat den Vorhaltterm $K_P T_V \mathrm{d}(w_1 - x_1)/\mathrm{d}t = K_P T_V(\dot{w}_1 - \dot{x}_1)$ (siehe Tabelle I, Zeile 5). Im Rahmen des Runge-Kutta-Verfahrens wird die Ableitung $\dot{x}_1 = x_2$ gesetzt, und die Ableitung $\dot{w}_1$ kann man für das gegebene $w_1(t)$ im Vorwege berechnen. Wenn z.B. $w_1 = b\,t^2$ gegeben ist, dann ist auch $\dot{w}_1 = 2bt$ bekannt. Hiernach wird die Gleichung des PID-Reglers für die Simulation in die Form

$$u = K_P\left(w_1 - x_1 + \frac{1}{T_N}\int (w_1 - x_1)\mathrm{d}t + T_V(\dot{w}_1 - x_2)\right) \tag{3.22}$$

gebracht. Bei Festwert-Regelungen ist in diese Gleichung $\dot{w}_1 = 0$ einzusetzen. Die ersten beiden Summanden auf der rechten Gleichungsseite, die den PI-Anteil darstellen, werden nach Gl.(3.4) berechnet. Damit erhält man die Gleichung des PID-Reglers in der endgültigen Form

$$u = K_P\left(w_1 - x_1 + \frac{x_3}{T_N} + T_V(\dot{w}_1 - x_2)\right) \ , \tag{3.23}$$

wobei x_3 als Lösung der Diffgl. (3.3) ermittelt wird. Probleme treten nur auf, wenn $\dot{w}_1$ unendlich wird, d.h. wenn die Führungsgröße w_1 springt. In dem Fall wird nach Gl.(3.23) auch u unendlich, und das Stellglied läuft an seinen Anschlag. Der Vorgang kann nicht simuliert werden, u. a. weil im Regelkreis auch Verzögerungen höherer Ordnung wirksam werden, die man nicht kennt. Weitere Ausführungen hierzu finden sich in Abschnitt 8. Wenn w_1 jedoch z. B. eine Anstiegsfunktion ist, dann ist $\dot{w}_1$ endlich und die ganze Simulation kann wie in den beiden vorhergehenden Beispielen ablaufen.

3.9 Simulation von Regelungen, deren Stellgrößen auf vorgegebene Werte begrenzt sind

Die Stellgrößen der Regelungen können nicht unendlich groß werden, d.h. alle Stellgrößen haben Begrenzungen. Wenn diese während des Regelvorganges auch tatsächlich erreicht werden, ist dies bei der Simulation zu berücksichtigen. Wenn z.B. in Programm 3.2 die Stellgröße u begrenzt werden soll auf $-9.0 < u < +9.0$, dann ist in das Programm die folgende Zeile einzufügen:

77 IF ABS(u) > 9.0 THEN u = 9.0*SGN(u)   (3.24)

4. Simulation von Zweipunkt- und Dreipunkt-regelungen

Die Zweipunktregelung wird so benannt, weil bei ihr das Stellglied nur zwei Stellungen (zwei Punkte) annehmen kann. Wenn das Stellglied ein Ventil ist, kann es nur ganz offen oder ganz zu sein. Zwischenstellungen gibt es nicht entsprechend der Kennlinie Bild 4.1a des Zweipunktreglers (Prototyp: Bimetall-Regler). Zweipunktregelungen müssen bekanntlich naturgemäß dauernd pendeln. Dieses Pendeln läßt sich vermeiden, wenn man einen Dreipunktregler verwendet in Verbindung mit einer integrierenden Regelstrecke oder in Verbindung mit einer proportional wirkenden Regelstrecke, der ein Integralglied vorgeschaltet ist. Diese Regelkreise können im eingeschwungenen Zustand durchaus zur Ruhe kommen. Der Dreipunktregler hat die in Bild 4.1b dargestellte Kennlinie. Da die Stellgröße u bei diesen Regelungen dauernd springt, wird sie nicht im Unterprogramm berechnet, damit die Funktionen f_ν im Verlaufe eines Schrittes stetig sind, siehe Existenssatz Abschnitt 9.1.

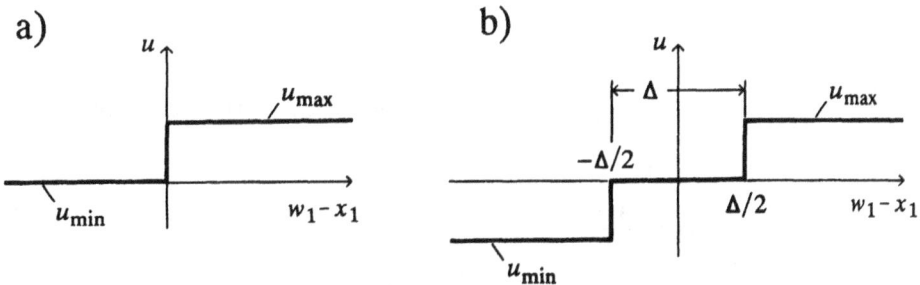

Bild 4.1. a) Kennlinie des Zweipunktreglers, b) Kennlinie des Dreipunktreglers.

4.1 Simulation der Zweipunktregelung einer Regelstrecke mit Totzeit

Wie bei der Simulation einer Zweipunktregelung vorzugehen ist, soll an Hand des Regelkreises Bild 4.2 erläutert werden. Die Regelstrecke ist linear und hat eine Totzeit T_t. Der Regelkreis als ganzes ist jedoch wegen des nichtlinearen Zweipunktreglers nichtlinear. Dieses Beispiel ist bei [6] exakt gelöst, so daß eine Überprüfung der Simulationsgenauigkeit möglich ist. Die Anfangswerte der Regelgröße x_1 und ihrer Änderungsgeschwindigkeit $x_2 = \dot{x}_1$ seien $x_1 = 2$, $x_2 = 0$. Die Führungsgröße habe den konstanten Wert $w_1 = 0$. Der zeitliche Verlauf der beiden Größen x_1 und x_2 soll simuliert werden. Gegebene Konstanten: $V = 1$, $T_1 = 1$, $T_t = 1$, $u_{max} = 1$, $u_{min} = -1$.

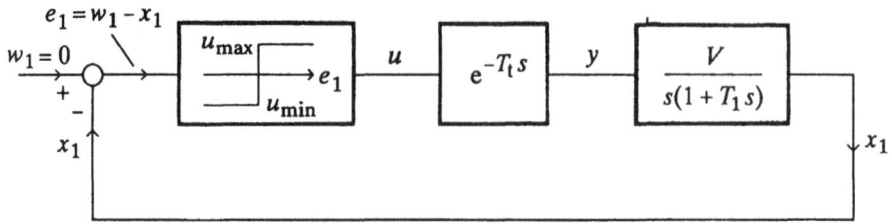

Bild 4.2. Zweipunktregelung einer Regelstrecke mit Totzeit.

Der Übertragungsfunktion $V/(T_1 s^2 + s)$ des kontinuierlichen Blockes entspricht bekanntlich die Differentialgleichung

$$T_1 \ddot{x}_1 + \dot{x}_1 = Vy . \tag{4.1}$$

Um sie in zwei Differentialgleichungen 1. Ordnung umzuwandeln wird

$$\dot{x}_1 = x_2$$

gesetzt, womit Gl.(4.1) übergeht in

$$T_1 \dot{x}_2 + x_2 = Vy .$$

In der Form der Gln.(2.8) lauten die letzten beiden Differentialgleichungen so:

$$\left.\begin{aligned}
\dot{x}_1 = f_1 \quad & \text{mit} \quad f_1 = x_2 , \\
\dot{x}_2 = f_2 \quad & \text{mit} \quad f_2 = \frac{Vy - x_2}{T_1} .
\end{aligned}\right\} \tag{4.2}$$

Die beiden Gleichungen für f_1 und f_2 stehen in der Zeile 90 des folgenden Programmes. Die Simulation der Totzeit T_t in den Programmzeilen 24 bis 28 ist in Abschnitt 2.4 erläutert. (Für schnelle Rechner ist zu ersetzen: in Zeile 10 die 110 durch 1010; in Zeile 12 die 0.01 durch 0.001; in Zeile 20 die 1400 durch 14000; in Zeile 25 die 100 durch 1000; in Zeile 28 die 101 durch 1001; in Zeile 82 die 10 durch 100).

Lauffähiges Programm 4.1
Zweipunktregelung Bild 4.2

10 DIM uu(110)	für Totzeitdarstellung 110 Speicherplätze reservieren
11 V=1:T1=1:Tt=1	gegebene Konstanten der Regelstrecke
12 h=0.01:w1k=0	Schrittweite h und Führungsgröße w_1
13 x1j=2:x2j=0	Anfangswerte nach Aufgabenstellung
20 FOR k=1 TO 1400	
21 e1k=w1k−x1k	Berechnung der Regeldifferenz e_1
22 IF e1k>0 THEN u=1	$\left.\right\}$ Zweipunktregler
23 IF e1k<=0 THEN u=−1	

```
24 uu(0)=u
25 FOR m=100 TO 0 STEP -1
26 uu(m+1)=uu(m)
27 NEXT m
28 y=uu(101)
```
uu(m) Hilfsgröße
Erzeugen der Totzeit $T_t = 100 \cdot h = 1$
nach Abschnitt 2.4. Es bekommt y
den Wert, den u vor 1 Sek hatte.

```
30 x1=x1j:x2=x2j
31 GOSUB 90
32 k1=h*f1:l1=h*f2
```
Runge-Kutta-Verfahren
"
"

```
40 x1=x1j+k1/2:x2=x2j+l1/2
41 GOSUB 90
42 k2=h*f1:l2=h*f2
```
"
"
"

```
50 x1=x1j+k2/2:x2=x2j+l2/2
51 GOSUB 90
52 k3=h*f1:l3=h*f2
```
"
"
"

```
60 x1=x1j+k3:x2=x2j+l3
61 GOSUB 90
62 k4=h*f1:l4=h*f2
```
"
"
"

```
70 x1k=x1j+(k1+2*k2+2*k3+k4)/6
71 x2k=x2j+(l1+2*l2+2*l3+l4)/6
72 tk=tj+h
73 tj=tk:x1j=x1k:x2j=x2k
```
"
"
"
Durchschieben der Werte

```
82 IF k/10=INT(k/10) THEN PRINT tk;x1k;x2k
83 NEXT k
84 STOP
```
drucken bei jedem zehnten
k-Wert

```
90 f1=x2: f2=(V*y-x2)/T1
91 RETURN
```
f_1 und f_2 nach Gl.(4.2)

t_k	x_{1k}	x_{2k}
. .	. . . .	. . . .
6.0	-1.2069	0.3069
6.1	-1.1728	0.3728
6.2	-1.1325	0.4325
usw.		

Nach dem Start des Programmes werden ab $t_k = 6$ die nebenstehenden Werte ausgedruckt. Wenn man x_{2k} über x_{1k} aufträgt, bekommt man die "Trajektorie" Kurve a von Bild 4.3a. Die Trajektorie Kurve b ergibt sich, wenn man in die Programmzeile 13 die Anfangswerte x1j=0, x2j=0 einsetzt. Beide Kurven münden in den "Grenzzyklus" c ein, der demnach stabil ist. Bild 4.3b zeigt den Grenzzyklus in der üblichen Auftragung von x_{1k} über t_k. *Die Trajektorien Bild 4.3a sind bei* [6] *exakt berechnet worden. Sie sind deckungsgleich mit den hier erhaltenen.*

Genauigkeitsprüfung: Wenn man in Programmzeile 20 den Größtwert von k vervielfacht, dann wird der Grenzzyklus fortwährend durchlaufen. Dabei zeigt sich, daß der Grenzzyklus auch nach hundertmaligem Durchlaufen so genau reproduziert wird, daß die x_{1k}-Werte um weniger als 0.00000000000001 voneinander abweichen. Dies liegt zum großen Teil daran, daß größere Abweichungen vom Grenzzyklus, die durch Ungenauigkeit der numerischen Berechnung entstehen, ebenso fortgeregelt werden wie die Anfangsbedingungen.

Bild 4.3.
Zweipunktregelung Bild 4.2, simuliert mit Programm 4.1.

a) Trajektorien a und b mit unterschiedlichen Anfangs-werten münden in denselben stabilen Grenzzyklus c ein. Die Trajektorien sind dek-kungsgleich mit den bei [6] mathematisch exakt berech-neten.

b) Der Grenzzyklus in der Auftragung der Regelgröße x_1 über der Zeit t.

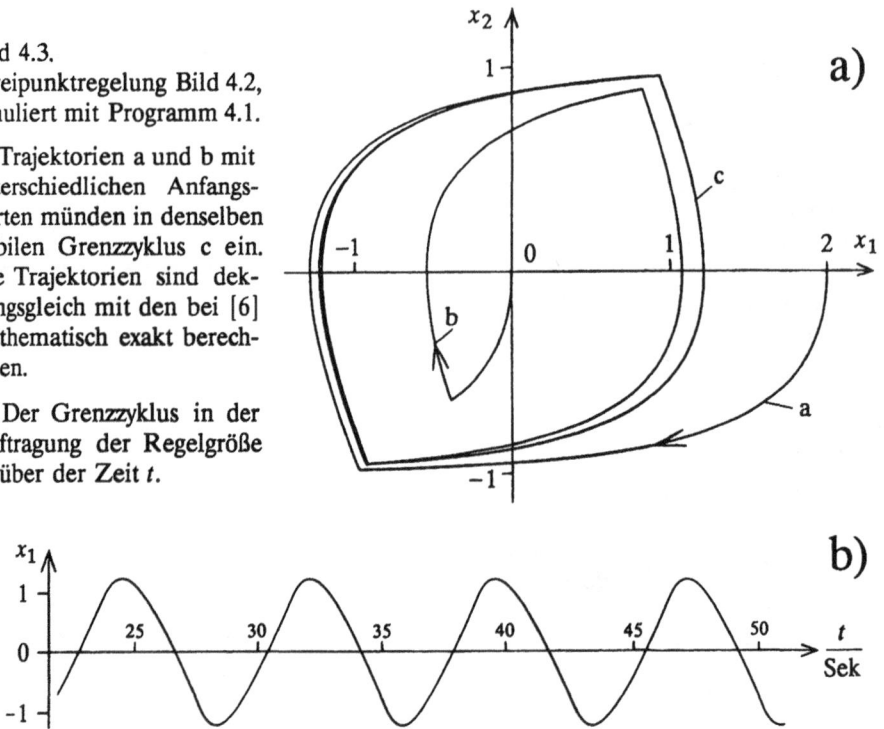

4.2 Simulation einer Dreipunktregelung mit Ruhestellung

Die Berechnung soll an Hand der in Bild 4.4 dargestellten Positionierungsregelung er-läutert werden. Die Regelstrecke besteht aus einem Elektromotor, der eine Spindel antreibt und damit einen Schlitten bewegt. Eingangssignal der Regelstrecke ist die elektrische Spannung u, die dem Motor zugeführt wird. Ausgangssignal der Regel-strecke ist der Schlittenweg x_1. Die Winkelgeschwindigkeit ω des Motors hängt von der Spannumng u nach der Differentialgleichung (T_1 und c_1 positive Konstanten)

$$T_1\dot\omega + \omega = c_1 u \tag{4.3}$$

ab. Die Geschwindigkeit $\dot x_1$ des Schlittens ist proportional ω mit einem positiven Pro-portionalfaktor c_2:

$$\dot x_1 = c_2 \omega . \tag{4.4}$$

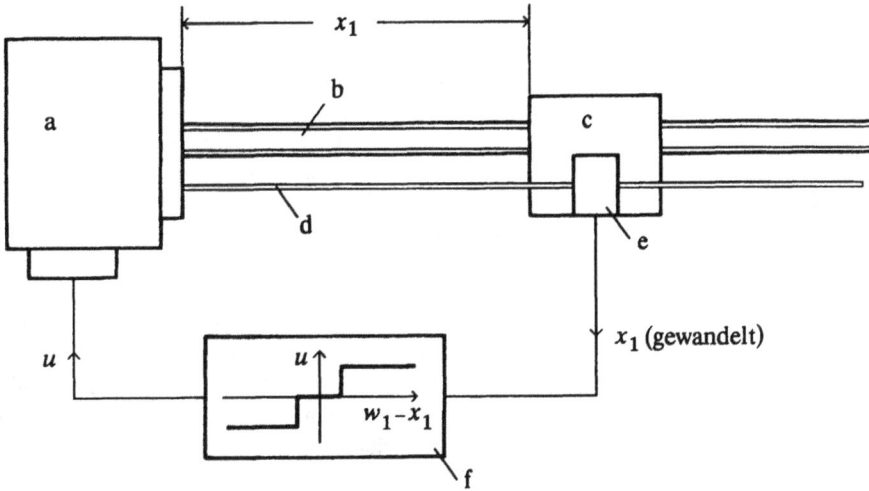

Bild 4.4. Positionierungs-Regelkreis. a elektrischer Antriebsmotor, b Antriebsspindel,
c zu positionierender Schlitten, d und e Meßeinrichtung zur Messung des
Schlittenweges, f Dreipunktregler mit toter Zone.

Durch Einsetzen des aus Gl.(4.4) folgenden $\omega = \dot{x}_1/c_2$ in Gl.(4.3) erhält man die Differentialgleichung

$$\frac{T_1}{c_2}\ddot{x}_1 + \frac{1}{c_2}\dot{x}_1 = c_1 u \ . \tag{4.5}$$

Bei konstantem $u > 0$ bewegt sich hiernach der Schlitten nach Erreichen seiner Endgeschwindigkeit ($\ddot{x}_1 = 0$) mit konstanter Geschwindigkeit nach rechts. Multiplizieren mit c_2 und Einführen einer neuen Konstanten $b_0 = c_1 c_2$ führen weiter zu der gesuchten Differentialgleichung der Regelstrecke:

$$T_1 \ddot{x}_1 + \dot{x}_1 = b_0 u \ . \tag{4.6}$$

Um diese Differentialgleichung in zwei Differentialgleichungen erster Ordnung von der Form der Gln.(2.8) umzuwandeln, wird gesetzt:

$$\dot{x}_1 = x_2 \ . \tag{4.7}$$

Damit geht Gl.(4.6) über in $T_1 \dot{x}_2 + x_2 = b_0 u$. Diese Differentialgleichung und die Diffgl. (4.7) können nun in der für die Anwendung des Runge-Kutta-Verfahrens geeigneten Form der Gln.(2.8) angeschrieben werden:

$$\dot{x}_1 = f_1 \quad \text{mit} \quad f_1 = x_2 \ , \tag{4.8}$$

$$\dot{x}_2 = f_2 \quad \text{mit} \quad f_2 = \frac{b_0 u - x_2}{T_1} \ . \tag{4.9}$$

Die Gleichungen für f_1 und f_2 finden sich in der Zeile 90 des nachstehenden Programmes 4.2 wieder, wobei für die Konstanten die Zahlenwerte $b_0 = 0.18\,\text{m/(Sek·Volt)}$ und

$T_1 = 1.5$ Sek gewählt sind. Der Weg x_1 wird in m und die Stellgröße u wird in Volt errechnet. Der Dreipunktregler habe die Kennlinie Bild 4.1b mit $u_{max} = +10$ Volt, $u_{min} = -10$ Volt, Breite der toten Zone $\Delta = 0.06$ m. Die Gleichung des Dreipunkt-Reglers besteht aus den drei Anweisungen Programmzeilen 81, 82 und 83. Der Schlitten kann nur zum Stehen kommen, wenn $w_1 - x_1$ in die tote Zone von Bild 4.1b fällt, so daß $u = 0$ ist. Bei der Breite $\Delta = 0.06$ m der toten Zone, kann daher x_1 nur $\Delta/2 = 0.03$ m von w_1 abweichen im stationären Zustand. *Damit ein Dreipunktregler mit Totzone einen stationären Zustand annehmen kann, müssen zwei Bedingungen erfüllt sein: Die Regelstrecke muß integral wirken (nach Diffgl. (4.6) hier erfüllt) und die Parameter der Regelung müssen richtig aufeinander abgestimmt sein. Wenn die Regelstrecke nicht integriert, muß ihr ein Integralglied vorgeschaltet werden.* Falls dem Dreipunktregler mit Totzone keine Integration folgt, kann der Regelkreis nicht zur Ruhe kommen, ähnlich wie bei der vorhergehenden Zweipunkt-regelung, die im eingeschwungenen Zustand die Schwingungen Bild 4.3b ausführt. Mit dem folgenden Programm wird das Führungsverhalten des Regelkreises Bild 4.4 für einen Führungssprung von $w_1 = 0$ auf $w_1 = 1$ m (Programmzeile 80) simuliert. Die Stell-größe wird wieder im Hauptprogramm und nicht im Unterprogramm berechnet, siehe oben:

Lauffähiges Programm 4.2
Dreipunkt-Regelung Bild 4.4 mit toter Zone

```
10 h=0.001:b0=0.18:T1=1.5                              Gewählte Konstanten
20 umax=10:umin=-10                        Schaltwerte des Dreipunktreglers
21 x1j=0:x2j=0                                             Anfangswerte
22 FOR k=1 TO 100000

30 x1=x1j:x2=x2j                                  Formeln nach Runge-Kutta
31 GOSUB 90                                                     "
32 k1=h*f1:l1=h*f2                                              "

40 x1=x1j+k1/2:x2=x2j+l1/2                                      "
41 GOSUB 90                                                     "
42 k2=h*f1:l2=h*f2                                              "

50 x1=x1j+k2/2:x2=x2j+l2/2                                      "
51 GOSUB 90                                                     "
52 k3=h*f1:l3=h*f2                                              "

60 x1=x1j+k3:x2=x2j+l3                                          "
61 GOSUB 90                                                     "
62 k4=h*f1:l4=h*f2                                              "

70 x1k=x1j+(k1+2*k2+2*k3+k4)/6                                  "
71 x2k=x2j+(l1+2*l2+2*l3+l4)/6                                  "
72 tk=tj+h                                                      "
```

80 w1k = 1   Führungssprung 1 m. Für Bild 4.5 ist w1k = tk
81 IF w1k-x1k < 0 THEN u = umin   ⎫ Dreipunkt-Regler mit toter
82 IF w1k-x1k > 0 THEN u = umax   ⎬ Zone für zugelassene bleib.
83 IF ABS(w1k-x1k) < 0.03 THEN u = 0   ⎭ Regelabweichung 0.03 m
84 IF k/100 = INT(k/100) THEN PRINT tk;w1k;x1k;u
85 tj = tk:x1j = x1k:x2j = x2k   Durchschieben der Werte
86 NEXT k
87 STOP

90 f1 = x2:f2 = (b0*u-x2)/T1 f_1 und f_2 nach Gln.(4.8),(4.9)
91 RETURN

Nach dem Programmstart pendeln x_1 auf den Wert $x_1 = 1.0188$ m und u auf den Wert $u = 0$ ein. Es tritt also nur eine bleibende Regelabweichung von 18.8 mm auf. Um zu berechnen, wie gut die Regelgröße der Führungsgröße w_1 folgen kann, wenn w_1 eine Anstiegsfunktion ist mit der gewählten Anstiegskonstanten $c = 1$ m/Sek, wird in der Programmzeile 80 die Anweisung $w_{1k} = 1$ durch $w_{1k} = t_k$ ersetzt (denn mit $c = 1$ ist $w_{1k} = c \cdot t_k = t_k$). Nach dem Starten des derart abgeänderten Programmes werden die Werte der folgenden Tabelle ausgedruckt, die in Bild 4.5 aufgetragen sind. Für $t \to \infty$ tritt ein Schleppfehler $w_{1k} - x_{1k}$ auf, der zwischen 0.0293 und 0.0309 m schwankt.

t_k Sek	w_{1k} m	x_{1k} m	u Volt
0.1	0.1	0.0029	10
0.2	0.2	0.0167	10
0.3	0.3	0.0412	10
0.4	0.4	0.0758	10
0.5	0.5	0.1197	10
usw.			

Anmerkung zur Simulationsgenauigkeit bei Zweipunkt- und Dreipunkt-Regelungen. Da die Stellgröße bei der Simulation nur im Zeitraster der Schrittweite h springen kann, sind bei der Simulation dieser Regelungen möglichst kleine Schrittweiten zu verwenden. Zu kleine Schrittweiten führen andererseite zu Rundungsfehlern. Die springende Stellgröße verursacht einen Verstoß gegen die Stetigkeitsforderung, die von dem Existenzsatzes Anhang 9.1 an die Funktionen f_ν gestellt werden. Daher ist bei diesen Regelungen die Stellgröße im Hauptprogramm zu berechnen, damit die f_ν nicht während eines Schrittes springen.

Bild 4.5.
Folgeverhalten der Dreipunkt-
regelung mit toter Zone Bild
4.4 bei Führungsanstieg. Nach
dem Einschwingen hat die Regelung eine Folgeabweichung
$x_1 - w_1$, die zwischen 2.93 und
3.09 mm schwankt.

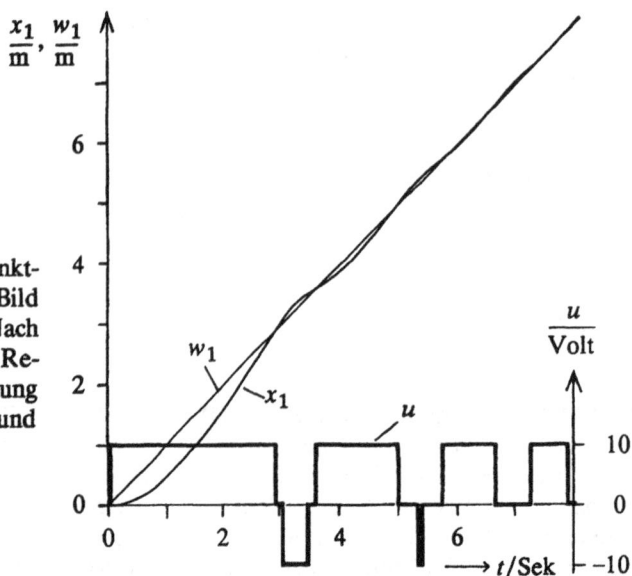

Um sich eine Vorstellung über die Genauigkeit der Simulation Programm 4.2 machen
zu können, wird die Simulation mit kleineren Schrittweiten wiederholt. Dabei ergeben
sich für den Zeitpunkt $t_k = 10$ Sek folgende Ergebnisse (h in Sek, x_{1k} in m):

$h = 0.001$	$h = 0.0001$	$h = 0.00001$	$h = 0.000001$
$x_{1k} = 9.97680$	$x_{1k} = 9.97334$	$x_{1k} = 9.97298$	$x_{1k} = 9.97293$

Hiernach kann bei den mit $h = 0.001$ erhaltenen Werten die zweite Dezimalstelle
hinter dem Komma noch als richtig angesehen werden.

5. Simulation von Fuzzy-Regelungen

Während die herkömmlichen Regler und Regelverfahren auf exakter mathematischer Analyse beruhen, hat man bei den Fuzzy-Regelungen diesen Weg aufgegeben und geht die Probleme einfach mit der "allgemeinen Expertenerfahrung" an. Damit das möglich ist, muß die Problemstellung zunächst so vereinfacht werden, daß man den Sachverhalt leicht überblicken kann. Diesen Vorgang nennt man "Fuzzyfizieren". Für das vereinfachte System kann man dann meist geeignete "linguistische Regeln" aufstellen, nach denen der Regelvorgang ablaufen soll. Für die Temperaturregelung eines Raumes ist z.B. der Satz: " Wenn die Temperatur zu hoch ist, soll das Heizventil weiter schließen" eine solche linguistische Regel. Natürlich sind derart ungenaue Angaben für die tatsächliche Durchführung der Regelung nicht ausreichend. Der regelnde Rechner muß in seinem Programm eine eindeutige genaue Anweisung haben, nach der er die Stellgröße berechnet. Den Vorgang, aus den ungenauen linguistischen Regeln genaue Stellgrößenwerte zu gewinnen, nennt man "Defuzzyfizieren". Zur Herleitung des Fuzzy-Regelalgorithmus, mit dem der regelnde Rechner zu programmieren ist, sind also die folgenden Schritte auszuführen:

1. *Fuzzyfizieren*
2. *Aufstellen linguistischer Regeln*
3. *Defuzzyfizieren*

Die vorstehenden allgemeinen Ausführungen sollen im Folgenden an Hand zweier einfacher Regelungen konkretisiert werden.

5.1 Simulation der Fuzzy-Regelung einer Maschinen- schlitten-Positionierung

In Bild 5.1a ist die betrachtete Anlage dargestellt. Sie besteht aus einem Elektromotor, der eine Spindel antreibt und damit den Maschinenschlitten verschiebt. Der Schlitten stehe zunächst ganz links beim E-Motor. Regelgröße x_1 ist der Abstand des Schlittens von dieser linken Endstellung. Führungsgröße w_1 (Sollposition) ist die mit "Ziel" bezeichnete Position $w_1 = x_b$. Die zu entwickelnde Positionierungsregelung soll dafür sorgen, daß sich der Schlitten ohne viel überzuschwingen in das Ziel bewegt.

Fuzzyfizierung. Entsprechend den obigen Darlegungen wird die Schlittenposition durch die drei groben in Bild 5.1b definierten Angaben

zu kurz , *im Ziel* , *zu weit*   (5.1)

beschrieben. Um weiche Übergänge zwischen diesen Positionsangaben zu erzeugen, werden die in Bild 5.1c dargestellten Übergänge zwischen den Bereichen geschaffen und "Zugehörigkeitsgrade" ε, σ und τ definiert:

ε ist der Grad, mit dem der Schlittenweg *zu kurz* ist.

σ ist der Grad, mit dem der Schlitten *im Ziel* ist.

τ ist der Grad, mit dem der Schlittenweg *zu weit* ist.

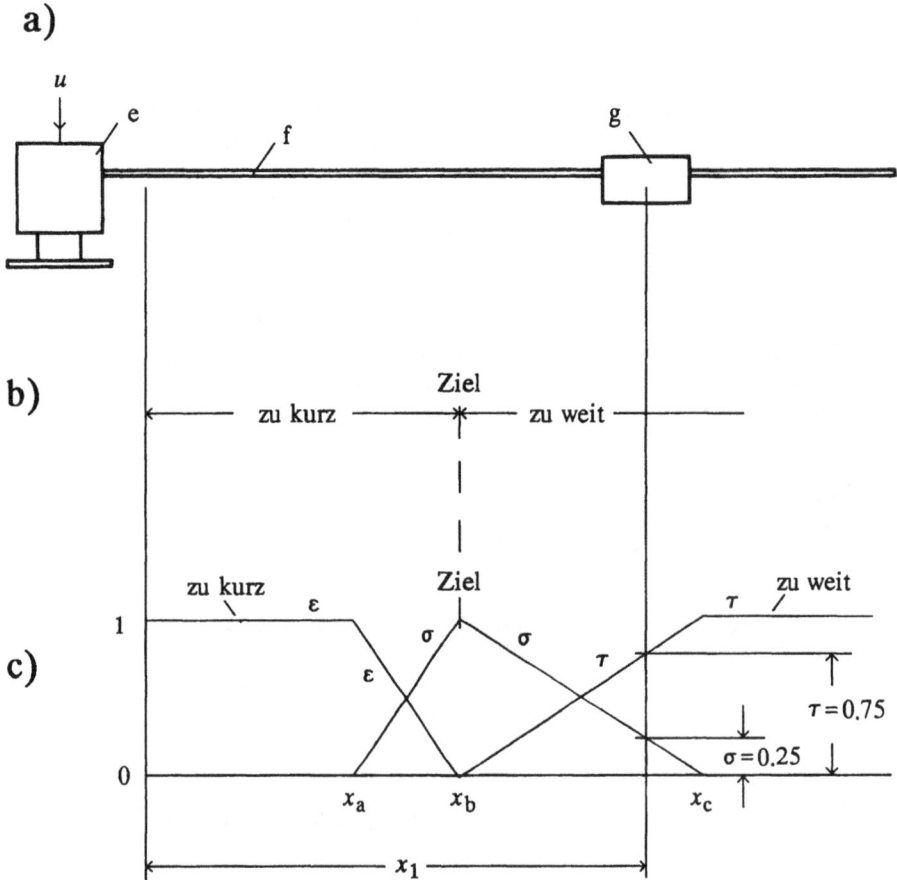

Bild 5.1. Positionierung eines Maschinenschlittens mit Fuzzy-Regelung.
  a) Gerätebild. e Antriebsmotor, f Antriebsspindel, g Schlitten.
  b) Einteilung des Schlittenweges in *zu kurz, im Ziel, zu weit*.
  c) Darstellung der Zugehörigkeitsgrade ε, σ, τ.
      ε ist der Grad, mit dem der Schlittenweg *zu kurz* ist,
      σ " "   "   "   "   "   "   *im Ziel* ist,
      τ " "   "   "   "   "   "   *zu weit* ist.
  Der eingezeichnete Schlittenweg ist zum Grad $\tau = 0.75$ *zu weit*,
  zum Grad $\sigma = 0.25$ *im Ziel* und zum Grad $\varepsilon = 0$ *zu kurz*.

Im einzelnen gilt folgendes:

1. Wenn der Schlitten in Bild 5.1 zwischen den Punkten x_b und x_c ist, dann ist er zum Bruchteil (Grad) σ *im Ziel* und zum Bruchteil τ *zu weit*. In der in Bild 5.1 eingezeichneten Stellung ist der Schlitten zum Bruchteil (Grad) $\sigma = 0.25$ *im Ziel* und zum Bruchteil $\tau = 0.75$ *zu weit*. ε ist 0. (Alle Zugehörigkeitsgrade haben stets Werte von 0 bis 1).

2. Wenn der Schlitten zwischen x_a und x_b ist, dann ist er zum Bruchteil σ *im Ziel* und zum Bruchteil ε *zu kurz*. τ ist 0.

3. Wenn der Schlitten links von Punkt x_a ist, dann ist der Schlittenweg *zu kurz* und der Grad ε hat den konstanten Wert $\varepsilon = 1$. Die Grade σ und τ sind beide 0.

4. Wenn der Schlitten rechts von Punkt x_c ist, dann ist der Schlittenweg *zu weit* und der Grad τ hat den konstanten Wert $\tau = 1$. Die Grade ε und σ sind beide 0.

Durch die in Bild 5.2 dargestellten Kurven sind die Zugehörigkeitsgrade definiert. In dem Bild sind auch ihre Programmierungen angegeben. In dem Bereich $x_a < x_1 < x_b$ ist $\varepsilon = 1 - \sigma$ und im Bereich $x_b < x_1 < x_c$ ist $\tau = 1 - \sigma$.

Linguistische Regeln. Wie leicht einzusehen ist, wird die angestrebte Positionierung durch die folgenden Regeln erreicht (sogen. *Wenn-Dann-Regeln*):

Wenn der Schlittenweg zu kurz ist, dann soll der Motor die Drehrichtung vor haben.
Wenn der Schlitten im Ziel ist, dann soll der Motor Null Umdrehungen machen.
Wenn der Schlittenweg zu weit ist, dann soll der Motor die Drehrichtung rück haben.

Vorwärts- und Rückwärtsdrehrichtung werden dadurch erzeugt, daß dem Leistungsverstärker des Motors eine positive oder negative Stellgröße (Spannung) zugeführt wird.

Stellgrößenbildung (Defuzzyfizieren). Die Stellgröße kann man auf verschiedene Art erzeugen. Das Wesen des Entwerfens von Fuzzy-Regelalgorithmen ist ja gerade, daß man vollkommen flexibel alle Entwurfsmöglichkeiten in Betracht zieht, und sich durch Ausprobieren zwischen den verschiedenen Möglichkeiten der Stellgrößenbildung entscheidet. Beginnen wir mit der einfachsten Stellgrößenbildung: Diese ist offenbar durch die Gleichung (K_P für gutes Regelverhalten gewählte Konstante)

$$u = K_P(\varepsilon - \tau) \tag{5.2}$$

gegeben, wobei u die Spannung ist, die dem E-Motor zugeführt wird. Nach dieser Gleichung ist $u = 0$, wenn der Schlitten im Ziel ist, denn für $x_1 = x_b$ ist nach Bild 5.1 $\varepsilon = \tau = 0$ und damit nach Gl.(5.2) auch $u = 0$, so daß der Motor stehen bleibt, wenn der Schlitten im Ziel ist. Wenn der Schlitten links vom Ziel ist, sind $\varepsilon > 0$ und $\tau = 0$. Nach Gl.(5.2) wird u positiv, so daß der Motor vorwärts läuft. Wenn der Schlitten dagegen rechts vom Ziel ist, sind $\varepsilon = 0$ und $\tau > 0$. Nach Gl.(5.2) wird u jetzt negativ und der Motor läuft rückwärts. Man erkennt, daß die Gleichung (5.2) den Motor mit einer solchen Spannung versorgt, daß der Schlitten ins Ziel geführt wird und dort stehen bleibt (Sofern sich der Regelkreis als stabil herausstellt).

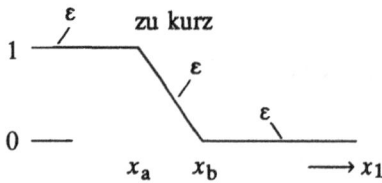

$\varepsilon = 0$
IF x1 < xa THEN $\varepsilon = 1$
IF x1 > =xa AND x1 < xb THEN $\varepsilon = 1 - \dfrac{x1-xa}{xb-xa}$

a) Zugehörigkeitsgrad ε für *zu kurz*.

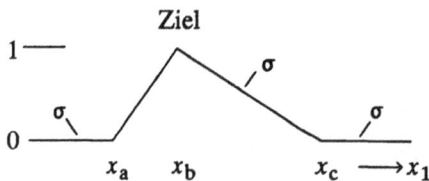

$\sigma = 0$
IF x1 > =xa AND x1 < xb THEN $\sigma = \dfrac{x1-xa}{xb-xa}$

IF x1 > =xb AND x1 < xc THEN $\sigma = 1 - \dfrac{x1-xb}{xc-xb}$

b) Zugehörigkeitsgrad σ für *im Ziel*.

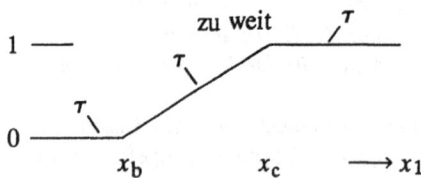

$\tau = 0$
IF x1 > =xb AND x1 < xc THEN $\tau = \dfrac{x1-xb}{xc-xb}$
IF x1 > =xc THEN $\tau = 1$

c) Zugehörigkeitsgrad τ für *zu weit*.

Bild 5.2. Die Zugehörigkeitsgrade von Bild 5.1 und ihre Programmierung. Für die griechischen Buchstaben sind die Basic-Bezeichnungen Gln.(5.6) einzusetzen.

Mit dem folgenden Programm 5.1 wird der Regelvorgang simuliert. Dabei wird angenommen, daß die Regelstrecke (der Motor mit Antriebsspindel und Maschinenschlitten) ein Integralglied mit Verzögerung erster Ordnung darstellt. Ihre Differentialgleichung wurde oben hergeleitet (siehe Gl.4.6). Sie lautet mit zwei Konstanten T_1 und b_0:

$$T_1 \ddot{x}_1 + \dot{x}_1 = b_0 u \,. \tag{5.3}$$

Nun wird wie früher gesetzt:

$$\dot{x}_1 = x_2 \,. \tag{5.4}$$

Damit kann man die Differentialgleichung (5.3) in die Form

$$T_1 \dot{x}_2 + x_2 = b_0 u$$

bringen. Diese und die Differentialgleichung (5.4) werden für die Anwendung des Runge-Kutta-Verfahrens von Abschnitt 2.2 noch in die Form der Gln.(2.8) gebracht:

$$\left. \begin{aligned} \dot{x}_1 &= f_1 \quad \text{mit} \quad f_1 = x_2 , \\ \dot{x}_2 &= f_2 \quad \text{mit} \quad f_2 = \frac{b_0 u - x_2}{T_1} . \end{aligned} \right\} \tag{5.5}$$

Mit diesen Gleichungen gelangt man zu dem nachfolgenden Programm 5.1, dessen Formeln Zeilen 90 bis 94 dem Bild 5.2 entnommen sind.

Basic-Bezeichnungen: In diesem und dem nächsten Programm werden für die griechischen Buchstaben die folgenden Basic-Bezeichnungen verwendet:

$$\begin{aligned} &\varepsilon = ep , \quad \rho = ro , \quad \sigma = si , \quad \tau = ta , \quad \zeta = ze , \quad \kappa = ka , \quad \lambda = la , \quad \eta = et , \\ &\vartheta = th , \quad \vartheta_a = tha , \quad \vartheta_b = thb . \end{aligned} \tag{5.6}$$

Lauffähiges Programm 5.1
Simulation der Positionierungsregelung Bild 5.1

```
10 T1=1:b0=0.1                          Konstanten der Regelstrecke, T1 in Sek
11 h=0.01:xa=9:xb=10:xc=11.5:KP=20   gewählte Werte; h in Sek; xa, xb, xc in m
12 x1j=0:x2j=0                                                  Anfangswerte
14 FOR k=1 TO 1400

20 x1=x1j:x2=x2j                            Formeln von Runge-Kutta
21 GOSUB 90                                              "
22 k1=h*f1:l1=h*f2                                       "

30 x1=x1j+k1/2:x2=x2j+l1/2                               "
31 GOSUB 90                                              "
32 k2=h*f1:l2=h*f2                                       "

40 x1=x1j+k2/2:x2=x2j+l2/2                               "
41 GOSUB 90                                              "
42 k3=h*f1:l3=h*f2                                       "

50 x1=x1j+k3:x2=x2j+l3                                   "
51 GOSUB 90                                              "
52 k4=h*f1:l4=h*f2                                       "

60 x1k=x1j+(k1+2*k2+2*k3+k4)/6                           "
61 x2k=x2j+(l1+2*l2+2*l3+l4)/6                           "
62 tk=tj+h                                               "
63 tj=tk:x1j=x1k:x2j=x2k                    Durchschieben der Werte
64 IF k/50=INT(K/50) THEN PRINT tk;x1k;u    Drucken jedes 50-sten Wertetripels
65 NEXT k
66 STOP
```

```
90 ep=0:si=0:ta=0                                      nach Bild 5.2 a,b,c
91 IF x1<xa THEN ep=1                                      "    "   5.2 a
92 IF x1>=xa AND x1<xb THEN si=(x1-xa)/(xb-xa):ep=1-si     "    "   5.2 b,a
93 IF x1>=xb AND x1<xc THEN ta=(x1-xb)/(xc-xb):si=1-ta     "    "   5.2 c,b
94 IF x1>=xc THEN ta=1                                     "    "   5.2 c
95 u=KP*(ep-ta)                                        Stellgröße nach Gl.(5.2)
98 f1=x2:f2=(b0*u-x2)/T1                                $f_1$ und $f_2$ nach Gln.(5.5)
99 RETURN
```

t_k Sek	x_{1k} m	u Volt
0.50	0.21306	20.000
1.00	0.73576	20.000
1.50	1.44626	20.000
usw.		

Nach dem Programmstart werden die nebenstehenden Werte ausgedruckt. x_{1k} ist in Bild 5.3 bis $t_k = 25$ Sek aufgetragen.

In den Programmzeilen 90 bis 95 wird die Stellgröße u aus der Schlittenstellung x_1 berechnet. Diese 6 Zeilen stellen den Fuzzy-Regelalgorithmus dar.

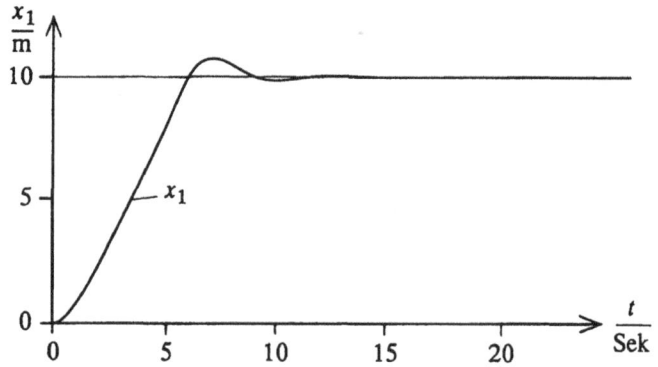

Bild 5.3.
Fuzzy-Regelung. Einschwingen des Maschinenschlittens auf die Sollposition $x_1 = 10$m. Ergebnis der Simulation Programm 5.1.

5.2 Die Methode des "Center of Gravity"

Wenn man die Zugehörigkeitsfunktionen ε, σ, τ, ... definiert und berechnet hat, gibt es verschiedene Möglichkeiten, aus ihnen die Stellgröße u zu berechnen. Im Vorhergehenden geschah dies nach der einfachen Formel (5.2), $u = K_P(\varepsilon - \tau)$, wobei der Proportionalbeiwert K_P durch Probieren so bestimmt wurde, daß sich ein brauchbares Regelverhalten ergab. In der Literatur wird u vorzugsweise nach der "Methode des Center of Gravity" ermittelt. Zur Erläuterung dieser Methode soll die Stellgröße u noch einmal für das vorhergehende Beispiel berechnet werden. Die Stellgröße muß dafür sorgen, daß der Motor die oben aufgestellten **Wenn-Dann-Regeln** erfüllt. Um diese Stellgröße zu erzeugen, werden gemäß Bild 5.4 drei sehr schmale Rechteckflächen in gleichem Abstand $s = 1$ angeordnet, deren Flächeninhalte mit $A_{\text{rück}}$, A_{Null}, und A_{vor} bezeichnet sind. Sie bekommen die gleiche sehr kleine Breite b und die Höhen τ, σ bzw. ε. Wenn dann u^* der Abstand der Schwerlinie der drei Flächen von der mittleren Fläche A_{Null} ist, dann folgt die gesuchte Stellgröße u aus der Gleichung

$$u = K_P \cdot u^*, \tag{5.7}$$

in der K_P ein für gutes Zeitverhalten zu wählender konstanter Faktor ist. Diese Art der Bestimmung von u ist ganz allein dadurch legitimiert, daß man auf diesem Weg in vielen Fällen Regelkreise mit brauchbarem Zeitverhalten bekommt, wie die Erfahrung gezeigt hat. Die schmalen geschwärzten Rechtecke von Bild 5.4 veranschaulichen δ-Funktitionen (Singletons). Die skizzierte Bestimmung von u wird nun rechnerisch durchgeführt.

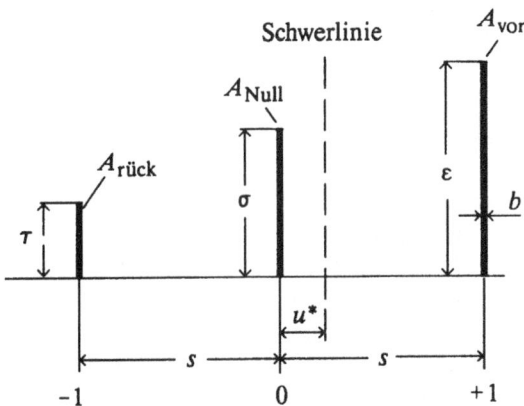

Bild 5.4.
Berechnungsskizze zur Ermittlung der Stellgröße u nach der Methode "Center of Gravity": $u = K_P \cdot u^*$. Die Größe u^* läuft von -1 bis $+1$.

Berechnung der Schwerlinie und der Stellgröße u. Für die Lage u^* der Schwerlinie der drei Flächen A_{vor}, A_{Null} und $A_{\text{rück}}$ gilt die Gleichung ($s = 1$):

$$u^* = \frac{sA_{\text{vor}} - sA_{\text{rück}}}{A_{\text{vor}} + A_{\text{Null}} + A_{\text{rück}}} = \frac{s\varepsilon b - s\tau b}{\varepsilon b + \sigma b + \tau b} = \frac{\varepsilon - \tau}{\varepsilon + \sigma + \tau} . \tag{5.8}$$

Aus Bild 5.1 erkennt man, daß für jedes x_1 die Summe $\varepsilon + \sigma + \tau = 1$ ist. Damit folgt aus den letzten beiden Gleichungen für die Stellgröße u die Formel

$$u = K_P(\varepsilon - \tau) . \tag{5.9}$$

Diese Formel stimmt offensichtlich mit der Gl.(5.2) überein, die durch eine einfache Überlegung gefunden wurde.

Zusammenfassung des Berechnungsganges für den Fuzzy-Regelalgorithmus:
Die Parameter x_a, x_b, x_c und K_P werden gewählt. Nach den Formeln von Bild 5.2 werden ε, σ und τ berechnet. Aus Gl.(5.2) bzw. Gl.(5.9) folgt dann die gesuchte Stellgröße u. Für die gewählten Parameter werden durch Probesimulationen solche Werte ermittelt, daß sich gutes Regelverhalten ergibt.

5.3 Simulation der Fuzzy-Regelung einer Verladebrücken-Positionierung

In Bild 5.5 ist die Verladebrücke dargestellt. Sie besteht aus dem Brückengestell b, auf dem eine Laufkatze a fährt. An der Laufkatze hängt an einem Seil die Last c. Die Laufkatze hat einen Elektromotor, mit dem sie auf der Brücke hin und her fährt.

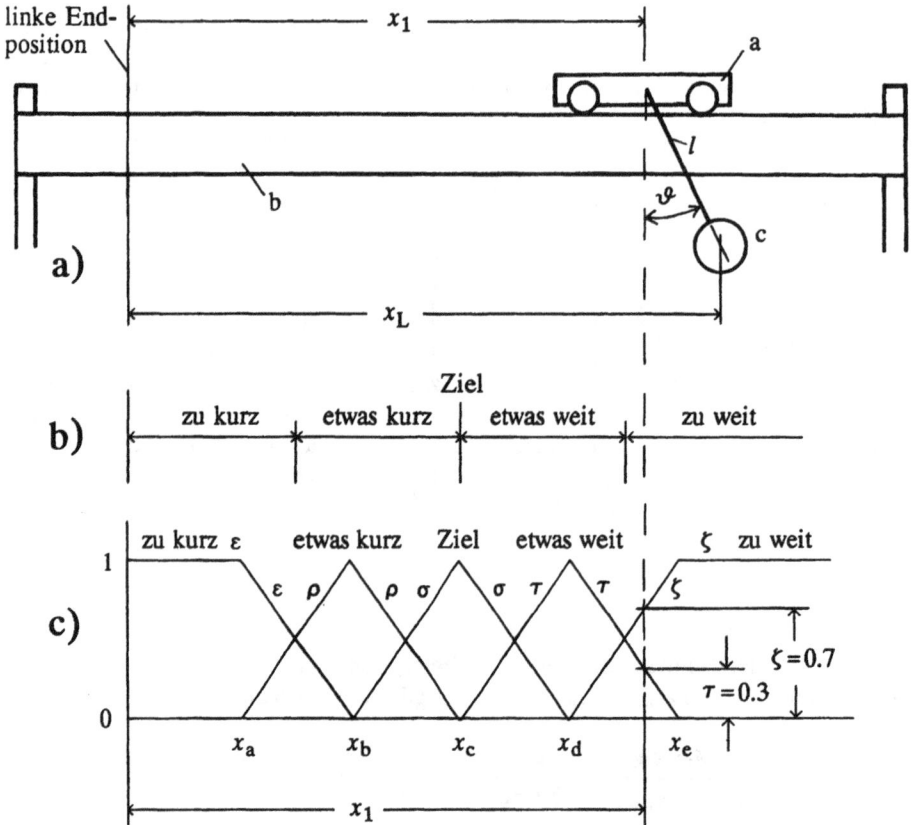

Bild 5.5. Die Verladebrücke.
  a) Gerätebild. a Laufkatze, b Brückengestell, c Last, l Lastseil bzw. Lastseillänge, ϑ Winkel des Lastseils.
  b) Einteilung des Laufkatzenweges x_1 in *zu kurz, etwas kurz, Ziel, etwas weit, zu weit*.
  c) Einteilung des Laufkatzenweges x_1 mit sanften Bereichsübergängen:
    ε ist der Grad, mit dem der Laufkatzenweg *zu kurz* ist,
    ρ ist der Grad, mit dem der Laufkatzenweg *etwas kurz* ist,
    σ ist der Grad, mit dem die Laufkatze *im Ziel* ist,
    τ ist der Grad, mit dem der Laufkatzenweg *etwas weit* ist.
    ζ ist der Grad, mit dem der Laufkatzenweg *zu weit* ist.
  In der dargestellten Position sind $\varepsilon = 0$, $\rho = 0$, $\sigma = 0$, $\tau = 0.3$, $\zeta = 0.7$.

Zunächst befinde sie sich in der linken Endstellung und soll nach rechts in eine vorgegebene Position $x_1 = x_c$ verfahren werden. Zu Beginn und am Ende des Überganges soll das Seil ohne Pendeln senkrecht nach unten hängen. Da die Seilschwingungen als ungedämpft angenommen werden, muß die Laufkatze in ganz besonderer Weise bewegt werden, damit die Last am Ende des Überganges nicht pendelt. Der Regelkreis hat nur eine Stellgröße u, und zwar die Horizontalkraft, die der stromgesteuerte Fahrmotor der Laufkatze hervorruft. Die Horizontalkraft ist, von Nebeneffekten abgesehen, dem Strom proportional, so daß von der elektrischen Seite her kein zusätzliches Zeitverhalten entsteht. Die mechanische Trägheit des Motorläufers sei der Massenträgheit der Laufkatze zugeschlagen.

Fuzzyfizierung. Um für die Bewegung der Laufkatze eine Reihe *linguistischer Regeln* aufstellen zu können, werden die Meßgrößen fuzzyfiziert, d.h. der Laufkatzenweg wird nicht als scharfer Meßwert x_1, sondern durch die folgenden fünf recht unscharfen (fuzzy) Angaben von Bild 5.5b beschrieben:

$$zu\ kurz\ ,\quad etwas\ kurz\ ,\quad im\ Ziel\ ,\quad etwas\ weit\ ,\quad zu\ weit\ . \qquad (5.10)$$

Entsprechend wird der Seilwinkel gemäß Bild 5.6 durch die drei groben Angaben

$$links\ ,\quad in\ der\ Mitte\ ,\quad rechts \qquad (5.11)$$

beschrieben. Die fünf Laufkatzenstellungen (5.10) und die drei Seilwinkel (5.11) ergeben $5 \cdot 3 = 15$ Kombinationen. In diesem schon etwas komplizierteren Fall faßt man die Wenn-Dann-Regeln in der Form einer Tabelle zusammen. Dies ist in der Tabelle 5.1 geschehen, deren Felder von 1 bis 15 numeriert sind. Für jede Kombination von Laufkatzenstellung und Seilwinkel, d.h. für jedes Tabellenfeld, kann man durch einfaches Überlegen herausfinden, wie der Antrieb der Laufkatze sein muß, damit der gewünschte Systemübergang bewerkstelligt wird. Es macht keine Schwierigkeit, die folgenden "linguistischen Regeln" nachzuvollziehen, mit denen die in die Tabelle eingetragenen Kommandos *vor, Null* und *rück* erhalten werden. Dabei sind *vor, Null, rück* die Abkürzungen für "Antrieb vorwärts", "Antrieb Null", "Antrieb rückwärts".

Laufkatzenstellung

		zu kurz mit Grad ε	etwas kurz mit Grad ρ	im Ziel mit Grad σ	etwas weit mit Grad τ	zu weit mit Grad ζ
	links mit Grad λ	1 **vor** v_1	2 **Null** n_2	3 **rück** r_3	4 **rück** r_4	5 **rück** r_5
	Mitte mit Grad η	6 **vor** v_6	7 **vor** v_7	8 **Null** n_8	9 **rück** r_9	10 **rück** r_{10}
	rechts mit Grad κ	11 **vor** v_{11}	12 **vor** v_{12}	13 **vor** v_{13}	14 **Null** n_{14}	15 **rück** r_{15}

(Seilwinkel)

Tabelle 5.1. Zusammenstellung der *linguistischen Regeln* Punkte 1 bis 5.

Linguistische Regeln

1. Laufkatzenweg *zu kurz*.
Wenn die Laufkatze noch weit vom Ziel entfernt ist, wenn also der zurückgelegte Weg *zu kurz* ist, dann soll die Laufkatze auf jeden Fall vorwärts fahren, gleichgültig ob sich das Seil in der Position *links, in der Mitte* oder *rechts* befindet. Dementsprechend bekommt der Fahrmotor der Laufkatze in der ganzen linken Spalte der Tabelle 5.1 (Felder 1, 6 und 11 der Tabelle) das Kommando *vor*.

2. Laufkatzenweg *etwas kurz*.
Wenn der zurückgelegte Weg *etwas kurz* ist, die Laufkatze also nahe am Ziel ist, dann muß das Augenmerk darauf gerichtet sein, daß der Seilausschlag verringert und gleichzeitig die Laufkatze in das Ziel geführt wird. Man kann erwarten, daß sich dies durch die folgenden Maßnahmen erreichen läßt: Wenn das Seil nach *links* zeigt, soll der Fahrmotor der Laufkatze den Antrieb *Null* haben und wenn das Seil *in der Mitte* ist oder nach *rechts* zeigt, soll er das Kommando *vor* bekommen. Damit sind die Kommandos *Null, vor, vor* in den Feldern 2, 7 und 12 der Tabelle festgelegt.

3. Laufkatze *im Ziel*.
Auch wenn sich die Laufkatze *im Ziel* befindet, muß sie noch angetrieben werden, weil ein eventuell vorhandenes Seilpendeln beseitigt werden muß; denn von allein kommt das ungedämpfte Seilpendeln nicht zur Ruhe. Wenn die Laufkatze *im Ziel* ist, sind die folgenden Festlegungen dienlich: Wenn das Seil nach *links* zeigt, muß die Laufkatze rückwärts fahren; wenn das Seil *in der Mitte* ist, muß sie den Antrieb *Null* haben, und wenn das Seil nach *rechts* zeigt, muß sie vorwärts fahren. Damit sind die Kommandos *rück, Null* und *vor* in den Tabellenfeldern 3, 8 und 13 festgelegt.

4. Laufkatzenweg *etwas weit*.
Wenn der zurückgelegte Weg *etwas weit* ist, und die Laufkatze daher nahe am Ziel ist, muß der Antrieb wieder so bemessen werden, daß das Seilpendeln abklingt und gleichzeitig die Laufkatze ins Ziel geführt wird. Dies wird durch folgende Maßnahmen erreicht: Wenn das Seil *in der Mitte* ist oder nach *links* zeigt, soll die Laufkatze rückwärts fahren, und wenn das Seil nach *rechts* zeigt, soll sie keinen Antrieb haben. Hiermit sind die Kommandos *rück, rück, Null* der Tabellenfelder 4, 9 und 14 festgelegt.

5. Laufkatzenweg *zu weit*.
Wenn die Laufkatze *zu weit* gefahren ist, dann muß sie auf jeden Fall zurückfahren, gleichgültig wie die Seilstellung ist. Damit bekommen die Felder 5, 10 und 15 der Tabelle die Kommandos *rück, rück, rück*.

Berechnung der Zugehörigkeitsgrade. Die in Bild 5.5b dargestellten Bereiche *zu kurz, etwas kurz, Ziel, etwas weit, zu weit* sollen weich ineinander übergehen. Ebenso sollen die drei Bereiche *links, Mitte, rechts* der Seilstellung weich ineinander übergehen. Um dies zu erreichen, werden die in den Bildern 5.5c, 5.6 (und noch einmal einzeln in Bild 5.7) dargestellten Zugehörigkeitsgrade definiert. Sie haben die Eigenschaft, daß für jeden x_1-Wert in Bild 5.5c die Summe $\varepsilon + \rho + \sigma + \tau + \zeta = 1$ ist. Ebenso ist in Bild 5.6 für jeden ϑ-Wert $\lambda + \eta + \kappa = 1$.

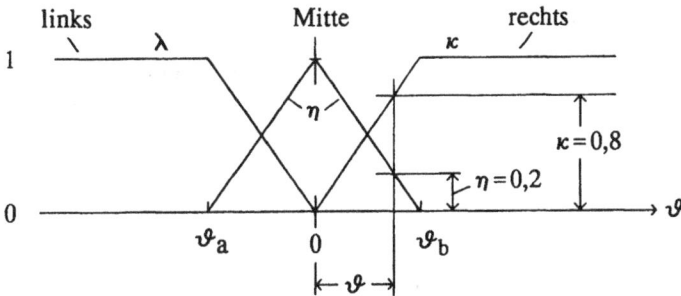

Bild 5.6. Zugehörigkeitsgrade für den Winkel ϑ des Lastseils.
λ ist der Grad, mit dem das Seil nach *links* zeigt,
η ist der Grad mit dem das Seil *in der Mitte* ist,
κ ist der Grad, mit dem das Seil nach *rechts* zeigt.
Für den eingezeichneten Seilwinkel ϑ sind $\lambda = 0$, $\eta = 0.2$ und $\kappa = 0.8$.

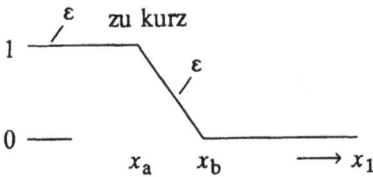

$\varepsilon = 0$
IF x1 < xa THEN $\varepsilon = 1$
IF x1 > =xa AND x1 <xb THEN $\varepsilon = 1 - \dfrac{x1-xa}{xb-xa}$

a) Zugehörigkeitsgrad ε für Laufkatzenweg *zu kurz*

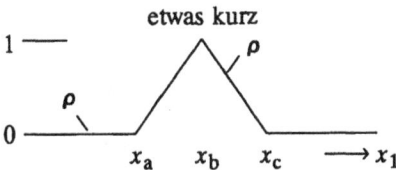

$\rho = 0$
IF x1 > =xa AND x1 <xb THEN $\rho = \dfrac{x1-xa}{xb-xa}$
IF x1 > =xb AND x1 <xc THEN $\rho = 1 - \dfrac{x1-xb}{xc-xb}$

b) Zugehörigkeitsgrad ρ für Laufkatzenweg *etwas kurz*

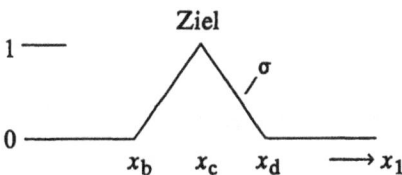

$\sigma = 0$
IF x1 > =xb AND x1 <xc THEN $\sigma = \dfrac{x1-xb}{xc-xb}$
IF x1 > =xc AND x1 <xd THEN $\sigma = 1 - \dfrac{x1-xc}{xd-xc}$

c) Zugehörigkeitsgrad σ für Laufkatze *im Ziel*

Bild 5.7. Die Zugehörigkeitsgrade der Bilder 5.5, 5.6 und ihre Programmierung. Für die
griechischen Buchstaben sind die Basic-Bezeichnungen Gln.(5.6) einzusetzen.

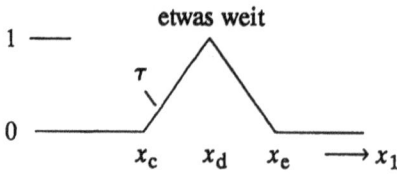

$\tau = 0$

IF $x1 >= xc$ AND $x1 < xd$ THEN $\tau = \dfrac{x1-xc}{xd-xc}$

IF $x1 >= xd$ AND $x1 < xe$ THEN $\tau = 1 - \dfrac{x1-xd}{xe-xd}$

d) Zugehörigkeitsgrad τ für Laufkatzenweg *etwas weit*

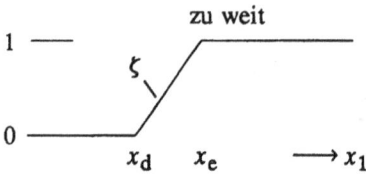

$\zeta = 0$

IF $x1 >= xd$ AND $x1 < xe$ THEN $\zeta = \dfrac{x1-xd}{xe-xd}$

IF $x1 > xe$ THEN $\zeta = 1$

e) Zugehörigkeitsgrad ζ für Laufkatzenweg *zu weit*

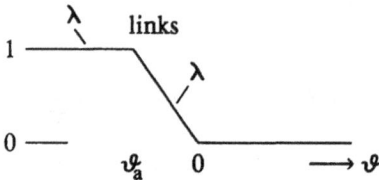

$\lambda = 0$

IF $\vartheta < \vartheta a$ THEN $\lambda = 1$

IF $\vartheta >= \vartheta a$ AND $\vartheta < 0$ THEN $\lambda = \dfrac{\vartheta}{\vartheta a}$

f) Zugehörigkeitsgrad λ für Seilstellung *links*

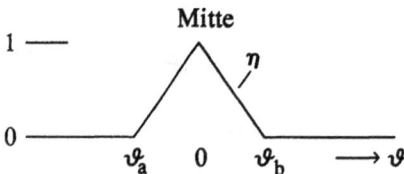

$\eta = 0$

IF $\vartheta >= \vartheta a$ AND $\vartheta < 0$ THEN $\eta = \dfrac{\vartheta a - \vartheta}{\vartheta a}$

IF $\vartheta >= 0$ AND $\vartheta < \vartheta b$ THEN $\eta = 1 - \dfrac{\vartheta}{\vartheta b}$

g) Zugehörigkeitsgrad η für Seilstellung in der *Mitte*

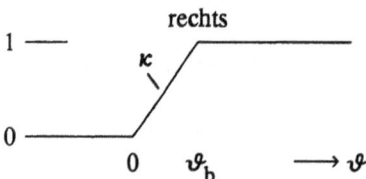

$\kappa = 0$

IF $\vartheta >= 0$ AND $\vartheta < \vartheta b$ THEN $\kappa = \dfrac{\vartheta}{\vartheta b}$

IF $\vartheta >= \vartheta b$ THEN $\kappa = 1$

h) Zugehörigkeitsgrad κ für Seilstellung *rechts*

Fortsetzung des Bildes 5.7.

Zur Erläuterung sind als Beispiel in die Bilder 5.5 und 5.6 eine Laufkatzenstellung x_1 und ein Seilwinkel ϑ eingezeichnet. In diesem Beispiel ist die Laufkatzenstellung mit dem Bruchteil $\zeta = 0.7$ *zu weit*, mit dem Bruchteil $\tau = 0.3$ *etwas weit* und mit den Bruchteilen $\varepsilon = 0$, $\rho = 0$, $\sigma = 0$ *zu kurz, etwas kurz* bzw. *im Ziel*. Die Seilstellung ist mit dem Bruchteil $\kappa = 0.8$ *rechts*, mit dem Bruchteil $\eta = 0.2$ *in der Mitte* und mit dem Bruchteil $\lambda = 0$ *links*.

Inferenz. Die Signale, die den Vorwärtsantrieb, den Nullantrieb bzw. Rückwärtsantrieb hervorrufen sollen, werden mit v, n, r bezeichnet. Unter Inferenz versteht man die Erzeugung der Fuzzysignale v, n, r aus den Zugehörigkeitsgraden ε, ρ, σ, τ, ζ, λ, η, κ. Das soll hier als sogen. *Summen-Produkt-Inferenz* geschehen, weil diese besonders kurze Programme ergibt. Bei dieser Methode werden die Signale v_1, v_6, v_7, v_{11}, v_{12}, v_{13} der 6 *vor*-Felder (Tabelle 5.1) als Produkte ihrer Zugehörigkeitsgrade berechnet nach den Gleichungen

$$v_1 = \varepsilon\lambda, \quad v_6 = \varepsilon\eta, \quad v_7 = \rho\eta, \quad v_{11} = \varepsilon\kappa, \quad v_{12} = \rho\kappa, \quad v_{13} = \sigma\kappa, \tag{5.12}$$

und das Gesamt-Vorwärtssignal wird hieraus durch Summieren (vereinfachte Fuzzy-Logik) erhalten:

$$v = v_1 + v_6 + v_7 + v_{11} + v_{12} + v_{13}. \tag{5.13}$$

Entsprechend bildet man ein Rückwärtssignal r aus den sechs Anteilen r_3, r_4, r_5, r_9, r_{10} und r_{15} der sechs *rück*-Felder der Tabelle 5.1:

$$r_3 = \sigma\lambda, \quad r_4 = \tau\lambda, \quad r_5 = \zeta\lambda, \quad r_9 = \tau\eta, \quad r_{10} = \zeta\eta, \quad r_{15} = \zeta\kappa, \tag{5.14}$$

$$r = r_3 + r_4 + r_5 + r_9 + r_{10} + r_{15}. \tag{5.15}$$

Für das Null-Signal gewinnt man ebenso aus den *Null*-Feldern der Tabelle 5.1:

$$n = n_2 + n_8 + n_{14} \quad \text{mit} \quad n_2 = \rho\lambda, \quad n_8 = \sigma\eta, \quad n_{14} = \tau\kappa. \tag{5.16}$$

Aus v, n, r wird dann die gesuchte Stellgröße u zusammengesetzt nach dem unten beschriebenen Verfahren des "Center of Gravity".

Eine andere Berechnung der $v_1, n_2, \ldots n_{14}, r_{15}$ von Tabelle 5.1 besteht darin, daß man sie nicht als Produkte der Zugehörigkeitsgrade berechnet, sondern als deren logische UND-Verknüpfungen (Symbol $\wedge$). Dabei ist das Ergebnis der logischen UND-Verknüpfung zweier Fuzzygrößen gleich der kleineren. Beispielsweise ist $0.4 \wedge 0.8 = 0.4$. Damit werden also die Gln.(5.12), (5.14) und (5.16) ersetzt durch die folgenden Formeln:

$$
\left.
\begin{aligned}
&v_1 = \varepsilon\wedge\lambda, \quad v_6 = \varepsilon\wedge\eta, \quad v_7 = \rho\wedge\eta, \quad v_{11} = \varepsilon\wedge\kappa, \quad v_{12} = \rho\wedge\kappa, \quad v_{13} = \sigma\wedge\kappa, \\
&r_3 = \sigma\wedge\lambda, \quad r_4 = \tau\wedge\lambda, \quad r_5 = \zeta\wedge\lambda, \quad r_9 = \tau\wedge\eta, \quad r_{10} = \zeta\wedge\eta, \quad r_{15} = \zeta\wedge\kappa, \\
&n_2 = \rho\wedge\lambda, \quad n_8 = \sigma\wedge\eta, \quad n_{14} = \tau\wedge\kappa.
\end{aligned}
\right\} \tag{5.17}
$$

Da hier das Ergebnis jeweils die kleinere von zwei Größen ist, wird diese Methode auch als **Min-Methode** bezeichnet.

Andere Berechnung der drei Größen v, n, r als Fuzzy-ODER-Verknüpfung (Symbol $\vee$). Die Fuzzy-ODER-Verknüpfung von zwei Größen ist gleich der größeren. Daher wird die folgende Berechnung auch **Max-Methode** genannt:

$$v = v_1 \vee v_6 \vee v_7 \vee v_{11} \vee v_{12} \vee v_{13},$$

$$r = r_3 \vee r_4 \vee r_5 \vee r_9 \vee r_{10} \vee r_{15}, \qquad\qquad \left.\begin{array}{c} \\ \\ \\ \end{array}\right\} \quad (5.18)$$

$$n = n_2 \vee n_8 \vee n_{14}.$$

Die Berechnung der drei Größen v, n, r nach den Gln.(5.17) und (5.18) wird **Max-Min-Inferenz** genannt. Sie ergibt für das vorliegende Beispiel praktisch dieselben Resultate wie die **Sum-Prod-Inferenz** Gln.(5.12) bis (5.16) (siehe Ergebnisse unten).

Defuzzyfizieren. Hierunter versteht man die Ermittlung der scharfen Stellgröße u aus den Fuzzy-Signalen v, n und r. Die gesuchte Stellgröße u soll nach der Methode des *"Center of Gravity"* berechnet werden, wobei das Bild 5.8 zugrunde gelegt wird, das sich von Bild 5.4 nur durch Bezeichnungen unterscheidet. Für den Abstand u^* der Schwerlinie von der Fläche A_{Null} gilt die Gleichung ($s = 1$):

$$u^* = \frac{sA_{\text{vor}} - sA_{\text{rück}}}{A_{\text{vor}} + A_{\text{Null}} + A_{\text{rück}}} = \frac{svb - srb}{vb + nb + rb} = \frac{v - r}{v + n + r},$$

und für die gesuchte Stellgröße u folgt hieraus und aus Gl.(5.7)

$$u = K_P u^* = K_P \frac{v - r}{v + n + r}. \qquad\qquad (5.19)$$

(Wenn v, n, r als Produktsummen definiert sind wie in den Gln.(5.12) bis (5.16), dann ist immer $v + n + r = 1$). K_P ist wieder eine zu wählende Konstante, die durch Probieren so zu bestimmen ist, daß sich gutes Regelverhalten einstellt.

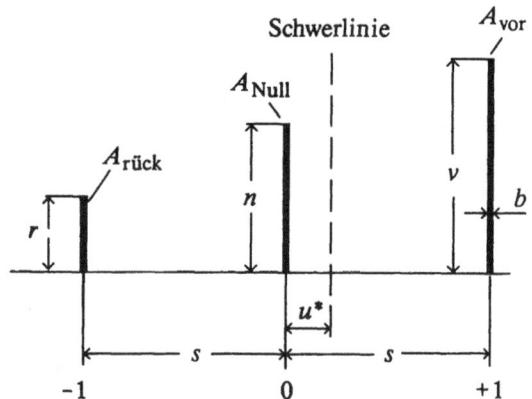

Bild 5.8.
Berechnungsskizze zur Ermittlung der Stellgröße u der Verladebrücke nach der Methode "Center of Gravity": $u = K_P \cdot u^*$.

Zur Erläuterung wird noch einmal das anfangs behandelte Beispiel der Laufkatzen- und Lastseilstellungen der Bilder 5.5, 5.6 betrachtet mit den Zugehörigkeitsgraden $\varepsilon = 0$, $\rho = 0$, $\sigma = 0$, $\tau = 0.3$, $\zeta = 0.7$, $\lambda = 0$, $\eta = 0.2$, $\kappa = 0.8$. In diesem Beispiel ist nach den Gln.(5.12) bis (5.16):

$$v_1 = v_6 = v_7 = v_{11} = v_{12} = v_{13} = 0 , \qquad n_2 = n_8 = 0 , \qquad n_{14} = 0.3 \cdot 0.8 = 0.24 ,$$
$$r_3 = r_4 = r_5 = 0 , \quad r_9 = 0.3 \cdot 0.2 = 0.06 , \quad r_{10} = 0.7 \cdot 0.2 = 0.14 , \quad r_{15} = 0.7 \cdot 0.8 = 0.56 .$$

Damit ergibt sich weiter nach den genannten Gleichungen:

$$v = 0 , \quad r = r_9 + r_{10} + r_{15} = 0.06 + 0.14 + 0.56 = 0.76 , \quad n = n_{14} = 0.24 ,$$

und aus Gl.(5.19) folgt

$$u = K_\mathrm{P} \, \frac{v - r}{v + n + r} = K_\mathrm{P} \, \frac{0 - 0.76}{0 + 0.24 + 0.76} = - 0.76 \cdot K_\mathrm{P} .$$

(Wie oben behauptet, ist $v + n + r = 1$). Diesen Wert hat die Stellgröße u, wenn die Laufkatze und das Lastseil die Stellungen der Bilder 5.5, 5.6 haben. Während des Regelvorganges muß der regelnde Rechner das u fortwährend neu berechnen.

Stabilisierung der Regelung. Im Vorausgehenden sind alle Formeln des Fuzzy-Reglers bereitgestellt. Es zeigt sich jedoch, daß dieser Regler keinen stabilen Regelkreis ergibt; denn wenn man in dem Programm 5.2 die beiden Zeilen 94 und 95, die zur Stabilisierung nachträglich eingefügt wurden, löscht, führt die Laufkatze ungedämpfte Schwingungen um das Ziel x_c aus. Der Schwingungsdämpfung mit den Zeilen 94 und 95 liegt der folgende Gedanke zugrunde: *Wenn sich die Laufkatze von dem Ziel $x_1 = x_\mathrm{c}$, um das sie schwingt, fortbewegt, wird die Stellgröße u verzehnfacht. Dadurch wird erreicht, daß die Laufkatze verstärkt gebremst wird, wenn sie sich vom Ziel entfernt. Sie wird nur normal beschleunigt wenn sie rückschwingt in Richtung auf das Ziel. (Man beachte, daß man zur Stabilisierung Geschwindigkeit vernichten muß. Verstärktes Beschleunigen beim Rückschwingen wäre daher schädlich).* Mit $x_2 = \dot{x}_1$ als der Laufkatzengeschwindigkeit wird also die folgende Maßnahme getroffen:

Wenn $x_1 > x_\mathrm{c}$ ist und $x_2 > 0$ ist, dann soll u verzehnfacht werden.
Wenn $x_1 < x_\mathrm{c}$ ist und $x_2 < 0$ ist, dann soll u verzehnfacht werden.

Im Basic-Programm 5.2 erscheinen diese beiden Regeln in der folgenden Gestalt:

$$\left.\begin{array}{l} \text{94 IF } x1 > xc \text{ AND } x2 > 0 \text{ THEN } u = 10*u \\ \text{95 IF } x1 < xc \text{ AND } x2 < 0 \text{ THEN } u = 10*u \end{array}\right\} \quad (5.20)$$

Übrigens kann man die beiden Anweisungen auch durch eine einzige ersetzen, die folgendermaßen lautet:

$$\text{IF } (x1-xc)*x2 > 0 \text{ THEN } u = 10*u \quad\quad\quad (5.21)$$

Zusammenfassung des Berechnungsganges für den Fuzzy-Regelalgorithmus:
Die 8 Größen x_a, x_b, x_c, x_d, x_e, ϑ_a, ϑ_b und K_P werden gewählt. x_1, x_2 und ϑ werden gemessen (in der Praxis gemessen, bei uns in Programm 5.2 durch Simulation der

Regelstrecke berechnet). Nach den Formeln der Bilder 5.7 werden die Zugehörig-keitsgrade ε, ρ, σ, τ, ζ, λ, η und κ berechnet. Dann folgen v, n und r aus den Glei-chungen (5.12) bis (5.16). Die gesuchte Stellgröße u ergibt sich schließlich aus der Gl.(5.19). Stabilisierung der Regelung mit den Gleichungen (5.20) oder (5.21).

Die Regelstrecke. Nachdem vorstehend die Gewinnung des Regelalgorithmus (Algo-rithmus zur Berechnung von u) erläutert worden ist, wenden wir uns nun der Regel-strecke zu. Die Differentialgleichungen, die die Beziehung herstellen zwischen dem Weg x_1 der Laufkatze, dem Seilwinkel ϑ, der Laufkatzenmasse M_K, der Lastmasse M_L und der Horizontalkraft u, sind an verschiedenen Stellen in der Literatur zu finden. (z.B. [3], [7]). Bei [7] finden sie sich in der für uns geeigneten Form, in der sie nach den zweiten Ableitungen aufgelöst sind (l Seillänge der Anhängelast, $g = 9.81 \, \text{m/Sek}^2$):

$$\ddot{x}_1 = \frac{u + (g\cos\vartheta + l\dot{\vartheta}^2)M_L\sin\vartheta}{M_K + M_L\sin^2\vartheta} , \tag{5.22}$$

$$\ddot{\vartheta} = -\frac{u\cos\vartheta + (g + l\dot{\vartheta}^2\cos\vartheta)M_L\sin\vartheta + gM_K\sin\vartheta}{l(M_K + M_L\sin^2\vartheta)} . \tag{5.23}$$

Um hieraus Differentialgleichungen erster Ordnung in der für das Runge-Kutta-Verfah-ren geeigneten Form zu erhalten, werden neue Variablen x_2, x_3, x_4 eingeführt (analog wie früher) indem gesetzt wird:

$$\dot{x}_1 = x_2 , \quad x_3 = \vartheta , \quad \dot{x}_3 = x_4 . \tag{5.24}$$

Die Gleichungen (5.22) bis (5.24) werden nun in die Form der Gln.(2.8) gebracht, in der sie sich in dem Programm 5.2 wiederfinden:

$$\dot{x}_1 = f_1 \quad \text{mit} \quad f_1 = x_2 , \tag{5.25}$$

$$\dot{x}_2 = f_2 \quad \text{mit} \quad f_2 = \frac{u + (g\cos x_3 + lx_4^2)M_L\sin x_3}{M_K + M_L\sin^2 x_3} , \tag{5.26}$$

$$\dot{x}_3 = f_3 \quad \text{mit} \quad f_3 = x_4 , \tag{5.27}$$

$$\dot{x}_4 = f_4 \quad \text{mit} \quad f_4 = -\frac{u\cos x_3 + (g + lx_4^2\cos x_3)M_L\sin x_3 + gM_K\sin x_3}{l(M_K + M_L\sin^2 x_3)} . \tag{5.28}$$

Diese Gleichungen stehen in den Zeilen 100 bis 103 des folgenden Programmes.

Der Regelkreis. Mit den vorstehenden Gleichungen wird gemäß der Aufgabenstel-lung (siehe oben) die Führungs-Sprungantwort des Regelkreises simuliert. Zu Beginn ist die Last in der linken Endstellung, in der $x_1 = x_2 = x_3 = x_4 = 0$ sind (siehe Programm-zeile 13). Sie wird von $x_1 = 0$ nach $x_1 = x_c$ verfahren. Mit dem folgenden Programm wird der Übergang simuliert. In dem Programm sind die Zahlenwerte gewählt wor-den: $l = 8 \, \text{m}$, $h = 0.002 \, \text{Sek}$, $M_K = 1200 \, \text{kg}$, $M_L = 4800 \, \text{kg}$, $x_a = 8 \, \text{m}$, $x_b = 9 \, \text{m}$, $x_c = 10 \, \text{m}$, $x_d = 11 \, \text{m}$, $x_e = 12 \, \text{m}$, $\vartheta_a = -0.02 \, \text{rad}$ ($= -1.146°$), $\vartheta_b = 0.02 \, \text{rad}$. Basic-Bezeichnungen nach Gl.(5.6). In der Zeile 65 ist $x_L = x_1 + l \cdot \sin x_3$ die in Bild 5.5 dargestellte Größe.

Lauffähiges Programm 5.2
Simulation der Fuzzy-Regelung Bild 5.5

```
10 l = 8:h = 0.002:g = 9.81:MK = 1200:ML = 4800:KP = 400       gewählte Konstanten
12 xa = 8:xb = 9:xc = 10:xd = 11:xe = 12:tha = -0.02:thb = 0.02      "          "
13 x1j = 0:x2j = 0:x3j = 0:x4j = 0                              "   Anfangswerte
14 FOR k = 1 TO 30000

20 x1 = x1j:x2 = x2j:x3 = x3j:x4 = x4j                   Runge-Kutta-Verfahren
21 GOSUB 100                                                    "
22 k1 = h*f1:l1 = h*f2:m1 = h*f3:o1 = h*f4                      "

30 x1 = x1j + k1/2:x2 = x2j + l1/2:x3 = x3j + m1/2:x4 = x4j + o1/2      "
31 GOSUB 100                                                    "
32 k2 = h*f1:l2 = h*f2:m2 = h*f3:o2 = h*f4                      "

40 x1 = x1j + k2/2:x2 = x2j + l2/2:x3 = x3j + m2/2:x4 = x4j + o2/2      "
41 GOSUB 100                                                    "
42 k3 = h*f1:l3 = h*f2:m3 = h*f3:o3 = h*f4                      "

50 x1 = x1j + k3:x2 = x2j + l3:x3 = x3j + m3:x4 = x4j + o3       "
51 GOSUB 100                                                    "
52 k4 = h*f1:l4 = h*f2:m4 = h*f3:o4 = h*f4                      "

60 x1k = x1j + (k1 + 2*k2 + 2*k3 + k4)/6                        "
61 x2k = x2j + (l1 + 2*l2 + 2*l3 + l4)/6                        "
62 x3k = x3j + (m1 + 2*m2 + 2*m3 + m4)/6                        "
63 x4k = x4j + (o1 + 2*o2 + 2*o3 + o4)/6                        "
64 tk = tj + h                                                  "

65 xLk = x1k + l*sin(x3k)
66 tj = tk:x1j = x1k:x2j = x2k:x3j = x3k:x4j = x4k       Durchschieben der Werte
67 IF k/500 = INT(k/500) THEN PRINT tk;x1k;xLk       Drucken bei jedem 500-sten k

70 ep = 0:ro = 0:si = 0:ta = 0:ze = 0                    Formeln Bilder 5.7a bis e
71 IF x1k < xa THEN ep = 1                                      "          5.7a
72 IF x1k > = xe THEN ze = 1                                    "          5.7e
73 IF x1k > = xa AND x1k < xb THEN ro = (x1k-xa)/(xb-xa):ep = 1-ro   "     5.7b,a
74 IF x1k > = xb AND x1k < xc THEN si = (x1k-xb)/(xc-xb):ro = 1-si   "     5.7c,b
75 IF x1k > = xc AND x1k < xd THEN ta = (x1k-xc)/(xd-xc):si = 1-ta   "     5.7d,c
76 IF x1k > = xd AND x1k < xe THEN ze = (x1k-xd)/(xe-xd):ta = 1-ze   "     5.7e,d

80 la = 0:et = 0:ka = 0                                  Formeln Bilder 5.7e,g,h
81 IF x3k < tha THEN la = 1                                     "    "     5.7f
82 IF x3k > = thb THEN ka = 1                                   "    "     5.7h
83 IF x3k > = tha AND x3k < 0 THEN et = (tha-x3k)/tha:la = 1-et   "    "    5.7g,f
84 IF x3k > = 0 AND x3k < thb THEN ka = x3k/thb:et = 1-ka         "    "    5.7h,g
```

```
90 v=ep*la+ep*et+ro*et+ep*ka+ro*ka+si*ka          nach Gln.(5.12),(5.13)
91 n=ro*la+si*et+ta*ka                                  nach Gl.(5.16)
92 r=si*la+ta*la+ze*la+ta*et+ze*et+ze*ka          nach Gln.(5.14),(5.15)
93 u=KP*(v-r)/(v+n+r)                                  nach Gl.(5.19)
94 IF x1k>xc AND x2k>0 THEN u=10*u
95 IF x1k<xc AND x2k<0 THEN u=10*u     } Stabilisierung nach Gln.(5.20)
96 NEXT k
97 STOP
```

```
100 f1=x2:f3=x4                                    nach Gln. (5.25),(5.27)
101 f2=(u+(g*cos(x3)+l*x4^2)*ML*sin(x3))/(Mk+ML*sin(x3)*sin(x3))   Gl.(5.26)
102 f44=u*cos(x3)+(g+l*x4^2*cos(x3))*ML*sin(x3)+g*MK*sin(x3)       Gl.(5.28)
103 f4=-f44/(l*MK+l*ML*sin(x3)*sin(x3))                           Gl.(5.28)
104 RETURN
```

$\dfrac{t_k}{\text{Sek}}$	$\dfrac{x_{Lk}}{m}$ Sum-Prod-Inferenz	$\dfrac{x_{Lk}}{m}$ Max-Min-Inferenz
2	0.12472	0.12472
10	3.33123	3.33123
20	12.45525	12.44477
30	8.42496	8.40061
40	10.95595	10.88119
50	9.47299	9.71220
∞	10.00000	10.00000

Wenn man das Programm startet, werden Werte ausgedruckt, von denen einige in der mittleren Spalte der nebenstehenden Tabelle wiedergegeben sind. In Bild 5.9 ist x_L als Kurve a aufgetragen. Zum Vergleich sind in der Tabelle auch die Werte aufgeführt, die mit der **Max-Min-Inferenz** nach den Gln. (5.17), (5.18) erhalten werden. Der Unterschied der x_{Lk}-Werte ist erstaunlich gering. Ihre Auftragungen sind fast deckungsgleich.

In den Programmzeilen 70 bis 95 wird die Stellgröße u aus x_{1k}, x_{2k} und x_{3k} berechnet. Diese 16 Zeilen stellen also den Fuzzy-Regelalgorithmus dar. In der Praxis werden x_{1k}, x_{2k} und x_{3k} gemessen. Im obigen Programm werden diese drei Größen berechnet.

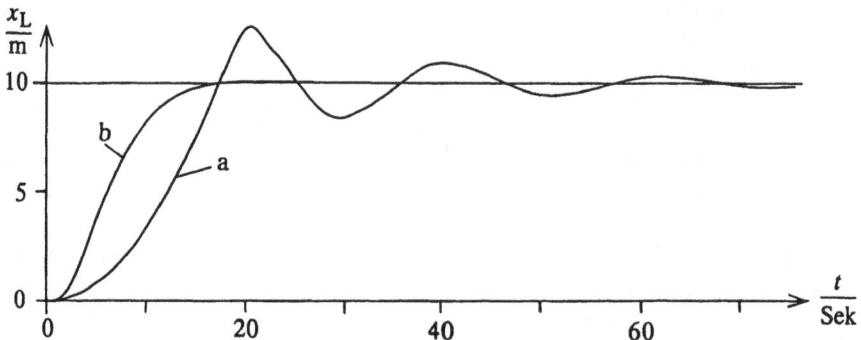

Bild 5.9. Führungs-Sprungantwort der Verladebrücke.
Kurve a Lastweg x_L der Fuzzy-Regelung, simuliert mit Programm 5.2,
Kurve b Lastweg x_L der Zustandsregelung, simuliert mit Programm 6.1.
(Die Unregelmäßigkeiten der Kurve a sind systembedingt)

6. Simulation von Zustandsregelungen

6.1 Simulation von Zustandsregelungen durch direktes Lösen der Zustandsgleichungen

Die im Bisherigen dargelegten Simulationen bestehen darin, daß die Differentialgleichungen, die die Regelvorgänge beschreiben, numerisch gelöst werden. Dafür werden sie in Differentialgleichungssysteme erster Ordnung zerlegt. Dieses Vorgehen ist dasselbe wie bei der Methode der Zustandsregelungen. Auch bei der Zustandsmethode werden soviele den Zustand kennzeichnende Größen eingeführt, daß sich ein System von Differentialgleichungen erster Ordnung ergibt. In diesem Buch werden also alle Regelungen als Zustandsregelungen berechnet. Daher sollen in diesem Buch nur solche Regelungen als Zustandsregelungen bezeichnet werden, bei denen mehr Größen zurückgeführt werden als nur die in den DIN-Reglern bzw. DIN-Regelalgorithmen Tabellen I, II auftretenden. Denn gerade die erweiterte Rückführung kann bei der Zustandsregelung Vorteile bringen. Prinzipiell können als Zustandsgrößen alle Größen verwendet werden, die den Zustand des Systems eindeutig kennzeichnen, d.h. wenn man die Werte der Größen in einem Zeitpunkt kennt, muß man ihre späteren Werte berechnen können. Die Rückführung der Zustandsgrößen erfolgt im wesentlichen proportional. Wenn man mit $x_1, x_2, x_3, \ldots, x_n$ die Zustandsgrößen bezeichnet, kann man damit für die Stellgröße u einer Eingrößen-Zustandsregelung ansetzen (mit der üblichen Vorzeichenfestlegung, K_{P1} bis K_{Pn} Konstanten):

$$u = -K_{P1}x_1 - K_{P2}x_2 - K_{P3}x_3 - \ldots - K_{Pn}x_n \, . \tag{6.1}$$

In vielen Fällen treten auf der rechten Gleichungsseite noch Terme hinzu, die die Führungsgröße berücksichtigen. Zur Vermeidung einer bleibenden Regelabweichung muß die Stellgröße bei manchen Regelungen einen Integralanteil $K_I \int (w_1 - x_1) \mathrm{d}t$ haben (K_I zu wählende Konstante). Das Integral $x_{n+1} = \int (w_1 - x_1) \mathrm{d}t$ wird im Rahmen des Runge-Kutta-Verfahrens als Lösung der Differentialgleichung

$$\dot{x}_{n+1} = f_{n+1} \quad \text{mit} \quad f_{n+1} = w_1 - x_1 \tag{6.2}$$

berechnet (siehe Abschnitt 3.3). Um diese Differentialgleichung wird das Differentialgleichungssystem des Runge-Kutta-Verfahrens ergänzt und der Integralanteil x_{n+1} wird dann von allein ausgeworfen. Wenn man auf der rechten Seite der Gl.(6.1) den Integralanteil hinzufügt, erhält man für die Stellgröße u die Gleichung

$$u = -K_{P1}x_1 - K_{P2}x_2 - K_{P3}x_3 - \ldots - K_{Pn}x_n + K_I x_{n+1} \, . \tag{6.3}$$

Der genaue Berechnungsgang für eine Zustandsregelung wird im Folgenden an Hand des Beispiels der Verladebrücke Bild 6.1 dargestellt, die auch bei [3] und [7] behandelt wird, dort allerdings nur in linearisierter Form. Es seien x_1 und x_L die Positionen der Laufkatze und der Last. Im Ruhezustand hängt die Last senkrecht nach unten und es ist $x_1 = x_L$. Die Anlage befinde sich zunächst in Ruhe, wobei die Laufkatze und die Last in der linken Endstellung sind, in der $x_1 = x_L = 0$ ist. Sodann soll die Laufkatze mit der Last in eine neue Ruhestellung bei $x_L = x_1 = 10\,$m verfahren werden. Dies wird im Folgenden dadurch erreicht, daß für x_1 die neue Position $w_1 = 10\,$m vorgeschrieben wird. Ferner werden K_{P1}, K_{P2}, K_{P3}, ... so bestimmt, daß die Seilpendelungen abklingen. In dem sich einstellenden neuen Ruhezustand muß dann auch wie verlangt $x_L = 10\,$m sein. Gewählte Zahlenwerte: Seillänge $l = 8\,$m, Gewicht der Laufkatze $M_K = 1200\,$kg, Gewicht der Last $M_L = 4800\,$kg, Erdbeschleunigung $g = 9.81\,$m/sek^2.

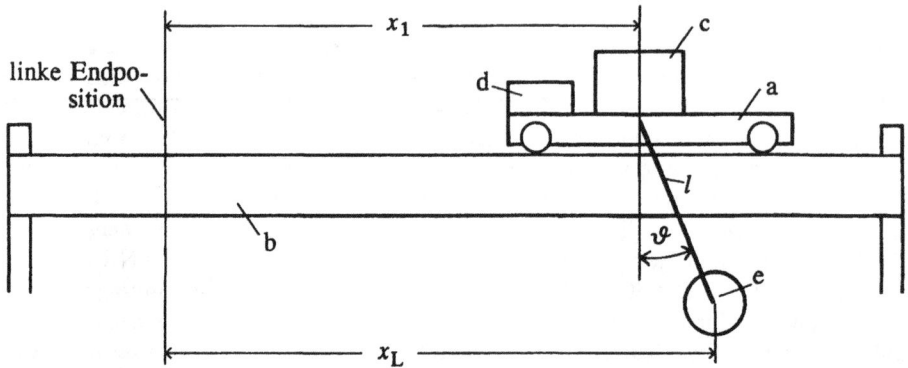

Bild 6.1. Die Verladebrücke. a Laufkatze, b Brückengestell, c Hubmotor, d Fahrmotor, e Last, l Lastseil bzw. Lastseillänge, ϑ Winkel des Lastseils.

Als Stellgröße u wird wie in Abschnitt 5.3 die Kraft (in Newton) angesehen, die horizontal auf die Laufkatze einwirkt. Die Kraft u wird von dem stromgesteuerten Fahrmotor der Laufkatze hervorgerufen. Die Differentialgleichungen der Regelstrecke sind schon in Abschnitt 5.3 bereitgestellt (Gleichungen (5.25) bis (5.28)) und werden von dorther übernommen. Sie sind im folgenden Programm in den Zeilen 91 bis 94 aufgeführt. Dabei mußte die Gleichung für f_4 wegen ihrer Länge in zwei Abschnitte aufgeteilt werden (f_{44} Hilfsgröße). Die Zustandsgrößen haben folgende Bedeutung:

$$\left.\begin{array}{ll} x_1 & \textit{Weg der Laufkatze,} \\ x_2 = \dot{x}_1 & \textit{Geschwindigkeit der Laufkatze,} \\ x_3 = \vartheta & \textit{Winkel des Lastseils,} \\ x_4 = \dot{x}_3 & \textit{Winkelgeschwindigkeit des Lastseils.} \end{array}\right\} \quad (6.4)$$

Zwischen der auf das System einwirkenden äußeren Kraft u und dem Weg x_s des Gesamt-Schwerpunktes von Laufkatze und Last gilt die Newtonsche Gleichung

$$u = (M_K + M_L)\frac{d^2 x_s}{dt^2}, \qquad (6.5a)$$

aus der

$$x_s = \frac{1}{M_K + M_L}\int\int u\, dt^2 \qquad (6.5b)$$

folgt. Aus den beiden Gleichungen erkennt man zweierlei:
1. Das System kann nur in Ruhe sein (d.h. es kann nur $dx_s/dt = d^2x_s/dt^2 = 0$ sein), wenn $u = 0$ ist. 2. Da im eingeschwungenen Zustand $x_L = x_1 = x_s$ ist, folgt aus Gl.(6.5b), daß sich die Regelstrecke mit u als Eingangssignal und x_L als Ausgangssignal stationär wie eine zweifach integrierendes Glied verhält. Zur Vermeidung bleibender Regelabweichung benötigt die Reglergleichung daher keinen Integralanteil, und für u ist also die Gl.(6.1) zu verwenden, die jedoch den zusätzlichen Term $K_{P1}w_1$ bekommen muß, damit mit $x_1 = w_1$, $x_2 = x_3 = x_4 = 0$ die Bedingung $u = 0$ des Ruhezustands erfüllt ist. Für die Stellgröße u gilt also die Gleichung

$$u = K_{P1}(w_1 - x_1) - K_{P2}x_2 - K_{P3}x_3 - K_{P4}x_4 , \qquad (6.6)$$

die zu der Darstellung Bild 6.2 für den Regelkreis führt. Gl.(6.6) ist im folgenden Programm 6.1 in der Zeile 90 aufgeführt. Im Anfangszustand sind der Laufkatzenweg x_1, die Laufkatzengeschwindigkeit x_2, der Winkel des Lastseils x_3 und die Winkelgeschwindigkeit x_4 des Lastseils sämtliche Null. Daraus resultieren die Anfangswerte Programmzeile 17. *Ferner sei darauf hingewiesen, daß sich das folgende Programm 6.1 im Prinzip durch nichts von dem einfachen Programm 3.1 unterscheidet.*

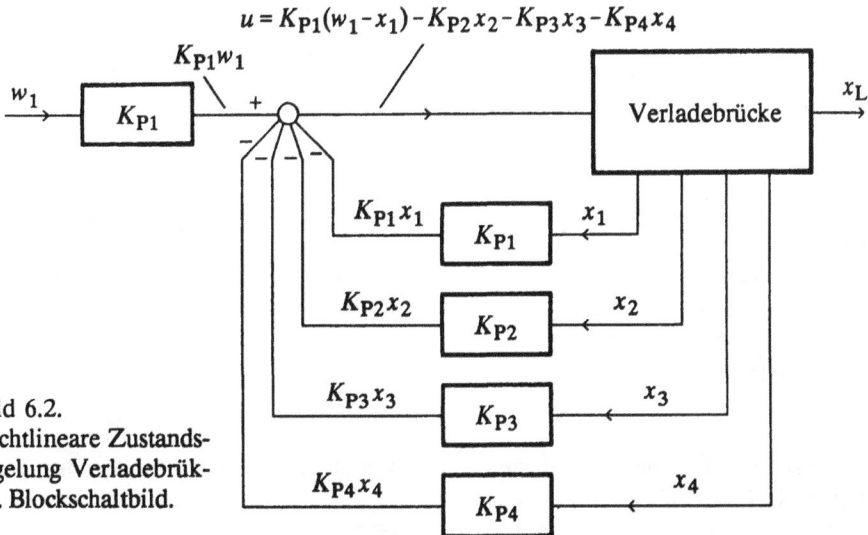

Bild 6.2.
Nichtlineare Zustands-
regelung Verladebrük-
ke. Blockschaltbild.

Lauffähiges Programm 6.1
Simulation der Positionierungsregelung Bild 6.1
(dieselbe Verladebrücke wie bei Programm 5.2)
```
10 l=8:h=0.02:g=9.81:MK=1200:ML=4800:w1=10          gegebene Werte
11 KP1=150:KP2=1000:KP3=35000:KP4=-10000      gewählte Regel-Parameter
17 tj=0:x1j=0:x2j=0:x3j=0:x4j=0                           Anfangswerte
18 FOR k=1 TO 5000
```

```
20 x1 =x1j:x2 =x2j:x3 =x3j:x4 =x4j                                    Runge-Kutta-Verfahren
21 GOSUB 90                                                                     "
22 k1 =h*f1:l1 =h*f2:m1 =h*f3:n1 =h*f4                                          "

30 x1 =x1j+k1/2:x2 =x2j+l1/2:x3 =x3j+m1/2:x4 =x4j+n1/2                           "
31 GOSUB 90                                                                     "
32 k2 =h*f1:l2 =h*f2:m2 =h*f3:n2 =h*f4                                          "

40 x1 =x1j+k2/2:x2 =x2j+l2/2:x3 =x3j+m2/2:x4 =x4j+n2/2                           "
41 GOSUB 90                                                                     "
42 k3 =h*f1:l3 =h*f2:m3 =h*f3:n3 =h*f4                                          "

50 x1 =x1j+k3:x2 =x2j+l3:x3 =x3j+m3:x4 =x4j+n3                                   "
51 GOSUB 90                                                                     "
52 k4 =h*f1:l4 =h*f2:m4 =h*f3:n4 =h*f4                                          "

60 x1k =x1j+ ( k1 + 2*k2+ 2 * k3 + k4)/6                                        "
61 x2k =x2j+ ( l1+ 2 *l2 +2 * l3 + l4)/6                                        "
62 x3k =x3j+ (m1 +2*m2+2*m3+m4)/6                                               "
63 x4k =x4j+ (n1 +2*n2+2*n3+n4)/6                                               "
64 tk =tj+h                                                                     "
65 xLk =x1k+l*sin(x3k)                           xL ist der Horizontalweg der Last
66 tj =tk:x1j =x1k:x2j =x2k:x3j =x3k:x4j =x4k         Durchschieben der Werte
67 IF k/50 =INT(k/50)) THEN PRINT tk;x1k;x3k;xLk
78 NEXT k
79 STOP

90 u =KP1*(w1-x1)-KP2*x2-KP3*x3-KP4*x4                  Stellgröße u nach Gl.(6.6)
91 f1 =x2:f3 =x4
92 f2 =(u+(g*cos(x3)+l*x4^2)*ML*sin(x3))/(MK+ML*sin(x3)*sin(x3))       ⎫ Gln.(5.25)
93 f44 =u*cos(x3)+(g+l*x4^2*cos(x3))*ML*sin(x3)+g*MK*sin(x3)           ⎬ bis (5.28)
94 f4 =-f44/(l*MK+l*ML*sin(x3)*sin(x3))                                ⎭
95 RETURN
```

Wenn man das vorstehende Programm mit RUN startet, werden die folgenden Werte ausgedruckt (t_k in Sek, x_{1k} in m, x_{3k} in rad, x_L in m). Zum Vergleich mit der Fuzzy-Regelung ist x_L in Bild 5.9 als Kurve b aufgetragen.

t_k	x_{1k}	x_{3k}	x_{Lk}
1	0.3389	-0.0371	0.0424
2	0.8609	-0.0546	0.4247
3	1.5589	-0.0315	1.3068
usw.			

6.2 Simulation einer Zustandsregelung mit Vorgabe der freien Schwingungen des Regelkreises

Man kann die Parameter K_{P1} bis K_{P4} so bestimmen, daß die charakteristische Gleichung des linearisierten geschlossenen Regelkreises vorgegebene Wurzeln bekommt. Diese Berechnung ist bei [3] durchgeführt. Wie dort wählen wir den vierfachen reellen Eigenwert (Pol des linearisierten Regelkreises) $\lambda = -0.6$, womit die charakteristische Gleichung

$$(s + 0.6)^4 = s^4 + 4 \cdot 0.6 s^3 + 6 \cdot 0.6^2 s^2 + 4 \cdot 0.6^3 s + 0.6^4 = 0$$

lautet. Mit den Koeffizienten p_0, p_1, p_2 und p_3 dieser Gleichung werden nach den bei [3] als (13.34) aufgeführten Gleichungen die folgenden Programmzeilen gebildet, mit denen K_{P1} bis K_{P4} berechnet werden:

Änderung 1 des Programmes 6.1 zur
Berechnung der *Kurve c* von Bild 6.5
11 p0=0.6^4:p1=4*0.6^3:p2=6*0.6^2:p3=4*0.6
12 KP1=MK*l*p0/g:KP2=MK*l*p1/g
13 KP3=Mk*l*(l*p0-g*p2)/g+(MK+ML)*g: KP4=MK*l*(l*p1-g*p3)/g

Wenn man mit diesen Zeilen das Programm 6.1 ändert bzw. ergänzt und das Programm mit RUN startet, werden die folgenden Werte ausgedruckt. Die x_L-Werte sind in Bild 6.5 als *Kurve c* aufgetragen.

$\dfrac{t_k}{\text{Sek}}$	$\dfrac{x_{1k}}{\text{m}}$	$\dfrac{x_{3k}}{\text{rad}}$	$\dfrac{x_{Lk}}{\text{m}}$
1	0.2655	-0.0290	0.0336
2	0.7195	-0.0477	0.3377
3	1.4014	-0.0393	1.0870
4	2.3659	-0.0192	2.2126
usw.			

6.3 Ermittlung der Regel-Parameter mit Hilfe einer selbstoptimierenden Regelung

Mit Hilfe einer selbstoptimierenden Regelung soll der Rechner selbsttätig solche Zahlenwerte der Parameter K_{P1}, K_{P2}, K_{P3}, K_{P4} aufsuchen, daß die Regelung gewünschte Eigenschaften bekommt. Dies geschieht dadurch, daß man ein geeignetes Gütemaß G_M definiert, das dann von der selbstoptimierenden Regelung zum Minimum gemacht wird (s. Abschnitt 3.4). Zunächst werde ein Regelkreis angestrebt, der nach einem Führungssprung in kurzer Zeit und (fast) ohne Überschwingen in den neuen Beharrungszustand übergeht. Dies wird dadurch erreicht, daß man den in Bild 6.3 durch unterschiedliche Schraffur gekennzeichneten Flächen A_1 und A_2,

$$A_1 = \int_0^{t_A} |x_L - x_{Lsoll}| \, dt \, , \qquad\qquad (6.7\text{a})$$

$$A_2 = \int_{t_A}^{\infty} |x_L - x_{Lsoll}| \, dt \, , \qquad\qquad (6.7\text{b})$$

gewünschte Werte A_{1soll} und A_{2soll} gibt. Der Übergang erfolgt um so schneller, je kleiner A_{1soll} gewählt wird. Das Überschwingen wird dadurch (nahezu) verhindert, daß man $A_{2soll} \approx 0$ setzt. Damit sich die tatsächlichen Werte A_1 und A_2 möglichst genau den vorgegebenen Werten A_{1soll} und A_{2soll} angleichen, wird ein Gütemaß G_M wie folgt definiert:

$$G_M = |A_1 - A_{1soll}| + |A_2 - A_{2soll}| \, . \qquad\qquad (6.8)$$

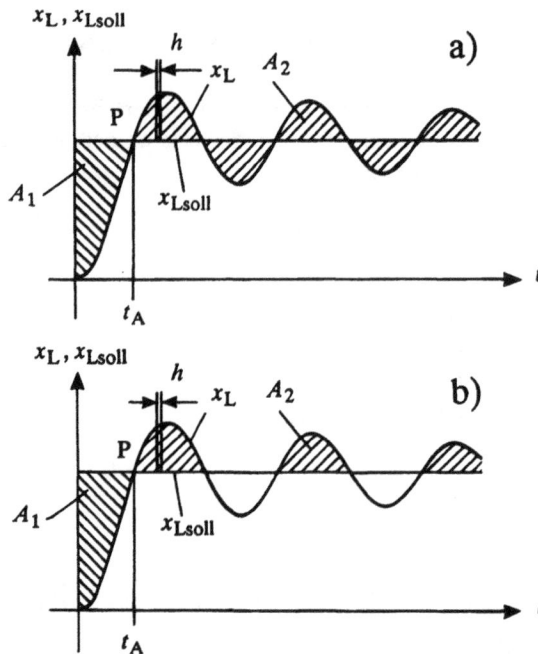

Bild 6.3. Erläuterungsskizzen.
A_1 ist die Fläche mit der Schraffur \\\\\\
A_2 ist die Summe der Flächen mit der Schraffur //////
a) und b) mit unterschiedlicher Definition von A_2.

Indem man G_M immer kleiner macht, gleichen sich A_1 an A_{1soll} und A_2 an A_{2soll} an. In Formeln: $G_M \rightarrow 0$ bewirkt $A_1 \rightarrow A_{1soll}$ und $A_2 \rightarrow A_{2soll}$. Oftmals empfiehlt es sich, in Gl.(6.8) einem der beiden Summanden ein größeres Gewicht zu geben, indem man ihn mit einem Faktor versieht, z.B. mit dem Faktor 1000 gemäß der Gleichung

$$G_M = |A_1 - A_{1soll}| + 1000 \cdot |A_2 - A_{2soll}| \; . \tag{6.9}$$

Dieser Faktor bewirkt, daß während der iterativen Berechnung mit der "Programmänderung 2" (s. unten) die Angleichung $A_2 \rightarrow A_{2soll}$ schneller erfolgt als die Angleichung $A_1 \rightarrow A_{1soll}$. Für A_1 und A_2 darf man natürlich nur solche Werte vorschreiben, die das System auch erreichen kann. Wenn man z. B. A_1 immer weiter verkleinert, muß man A_2 in gewissem Umfang vergrößern und damit größeres Überschwingen zulassen. In Bild 6.5 sind für die Kurve b die Werte $A_{1soll} = 50\,m\,Sek$ und $A_{2soll} = 0.01$ mSek gewählt worden, was zur Folge hat, daß die Last der Verladebrücke (praktisch) ohne Überschwingen in relativ kurzer Zeit auf die Sollposition $x_{Lsoll} = 10\,m$ übergeht. Einzelheiten zur Berechnung der Übergangskurve finden sich unten.

Um zu zeigen, daß man die Rückführbeiwerte K_{P1}, K_{P2}, K_{P3}, ... auch so bestimmen kann, daß die Zustandsregelung andere Forderungen erfüllt, wurde als Beispiel für die Verladebrücke der Übergang Kurve a von Bild 6.5 berechnet. Dieser Übergang ist so bestimmt, daß die Regelung eine vorgeschriebene Anregelzeit $t_A = 8\,Sek$ und eine vorgegebene Überschwingweite von 10% hat. Anregelzeit ist die Zeit, die nach einem Führungssprung vergeht, bis die Regelgröße die Führungsgröße erreicht. Bei 10% Überschwingen hat die Regelgröße den Größtwert $x_{Lmax} = 1.1 \cdot x_{Lsoll} = 11\,m$ (Wie im Vorhergehenden werde $x_L = x_1 + l\sin(x_3)$ als zu regelnde Größe betrachtet). Dieses angestrebte Verhalten der Regelung wird durch Minimieren des Gütemaßes

$$G_M = |x_{Lmax} - 11| + |x_{L8} - 10| \tag{6.10}$$

erreicht. In der Gleichung bezeichnet x_{L8} den Wert, den x_L in dem vorgegebenen Zeitpunkt $t_A = 8\,Sek$ hat. Im Folgenden sollen die erforderlichen Änderungen bzw. Ergänzungen des Programmes 6.1 besprochen werden.

Ob die jeweils erhaltene Lösung die einzige ist, oder ob die selbstoptimierende Regelung je nach Wahl der Anfangswerte von K_{P1} bis K_{P4} verschiedene Ergebnisse liefert, läuft auf die Frage hinaus, ob G_M nur ein Minimum hat oder ob es neben dem absoluten Minimum noch örtliche Nebenminima gibt. Ob die erhaltene Lösung die gewünschte ist, wird auf jeden Fall durch die numerischen Ergebnisse klargestellt. Wenn man nicht das gewünschte Ergebnis erhalten hat, muß man in Zeile 11 des (mit der folgenden Änderung 2 bzw. 3 versehenen) Programmes 6.1 andere Anfangswerte für K_{P1} bis K_{P4} einsetzen.

6.3.1 Simulation einer selbstoptimierenden Zustandsregelung zur Bestimmung der Regelparameter für vorgegebene Flächen A_1 und A_2 von Bild 6.3

Gemäß diesen Ausführungen wird das Programm 6.1 zunächst mit folgenden Zeilen geändert bzw. ergänzt, so daß eine selbstoptimierende Regelung simuliert wird. Wieder soll die Last auf den Sollwert $x_{Lsoll} = w_1 = 10\,m$ einschwingen. Die Erläuterungen zu der folgenden "Änderung 2" sind weiter unten.

Änderungen 2 des (ursprünglichen) Programmes 6.1
zur Berechnung der *Kurve b* von Bild 6.5

12 GMmin = 1000000   beliebiger sehr großer Anfangswert von G_{Mmin}
13 xLsoll = 10:A1soll = 50:A2soll = 0.01 $x_{Lsoll} = w_1$, A_{1soll} und A_{2soll} gewählt
16 tA = 0:A1 = 0:A2 = 0   vor der k-Schleife werden t_A, A_1, A_2 Null gesetzt
67 löschen
70 IF xLk> =xLsoll AND tA=0 THEN tA=tk
72 IF tA=0 THEN A1=A1+h*ABS(xLk-xLsoll)   Berechnung A_1
74 IF tA>0 AND xLk> =xLsoll THEN A2=A2+h*ABS(xLk-xLsoll)   " A_2
76 GM=ABS(A1-A1soll)+1000*ABS(A2-A2soll) G_M nach Gl.(6.9)
79 löschen
80 IF GM> =GMmin GOTO 86
81 GMmin=GM:S1=KP1:S2=KP2:S3=KP3:S4=KP4   { Bilden G_{Mmin} u. Verschie-
82 D1=S1/20:D2=S2/20:D3=S3/20:D4=S4/20   { ben der Random-Bereiche
84 PRINT 10^5*(w1-x1k);GMmin;KP1;KP2;KP3;KP4
86 KP1=S1+D1*(0.5-RND(1)):KP2=S2+D2*(0.5-RND(1))   } Für K_{P1} bis K_{P4}
88 KP3=S3+D3*(0.5-RND(1)):KP4=S4+D4*(0.5-RND(1))   } werden Zufalls-
89 GOTO 16   zahlen eingesetzt

Wenn man das Programm 6.1 mit den Änderungen 2 startet, werden (etwa binnen 25 Minuten) die folgenden Werte ausgedruckt, wobei mit der linken Spalte kotrolliert wird, daß das Einschwingen für k = 5000 beendet ist, daß also für k = 5000 etwa $x_{1k} = w_1$ ist, anderenfalls müßte man den Endwert von k vergrößern:

$10^5(w_1-x_{1k})$	G_{Mmin}	K_{P1}	K_{P2}	K_{P3}	K_{P4}
0.00001	538.967	150.00	1000.00	35000.00	-10000.00
0.00002	253.048	146.49	1014.91	34965.85	-10183.88
· · ·	· · ·	· · ·	· · ·	· · ·	· · ·
0.00000	0.154	162.46	811.92	44474.82	-9472.67

$G_{Mmin} = 0.154$ wird als klein genug angesehen und die Berechnung der Parameter K_{P1} bis K_{P4} wird mit diesem Wert abgebrochen. Das Einschwingen wird mit dem ursprünglichen Programm 6.1 simuliert. Nach Einsetzen der erhaltenen Werte $K_{P1} = 162.46$ bis $K_{P4} = -9472.67$ in die Zeile 11 des Programmes 6.1 werden nach dem Programmstart die folgenden Ergebnisse ausgedruckt. Die erhaltenen x_L-Werte sind in Bild 6.5 als Kurve b aufgetragen.

t_k	x_{1k}	x_{3k}	x_{Lk}
Sek	m	rad	m
1.0	0.4128	-0.0455	0.0489
2.0	1.1967	-0.0832	0.5322
3.0	2.2962	-0.0644	1.7815
usw.			

Die Kurve b hat praktisch kein Überschwingen. Das wurde dadurch erreicht, daß in der "Änderung 2" die Flächen A_1 und A_2 nach Bild 6.3b verwendet worden sind, wobei $A_{1soll} = 50$ und $A_{2soll} = 0.01$ gewählt wurden. Der sehr kleine Wert $A_{2soll} = 0.01$ bewirkt, daß Kurve b praktisch nicht überschwingt. Die Simulation ergibt für x_L den Größtwert $x_L = 10.0038\,m$, der in der Auftragung Bild 6.5 natürlich nicht sichtbar ist.

Erläuterungen: Der vorhergehenden "Änderung 2" liegt der folgende Gedanke zugrunde: Während k von 1 bis 5000 läuft, wird ein Einschwingen der Verladebrücke von $x_L = 0$ auf $x_L = x_{Lsoll} = 10$ Meter simuliert. Es werden fortwährend neue Einschwingvorgänge simuliert mit verschiedenen Parameterwerten K_{P1} bis K_{P4}. Zu jedem Einschwingen ergibt sich ein Gütemaß G_M. Das Programm verändert die Parameter K_{P1} bis K_{P4} derart, daß das Gütemaß fortwährend abnimmt. Im einzelnen gilt das Folgende:

G_{Mmin} ist der Kleinstwert von G_M. Im Laufe der Berechnung wird G_{Mmin} immer kleiner. Beim Programmstart wird G_{Mmin} in Zeile 12 auf einen beliebigen sehr großen Wert ($G_{Mmin} = 1000000$) gesetzt. Wenn sich ein G_M-Wert ergeben hat, der kleiner ist als der derzeitige G_{Mmin}-Wert, dann wird in Zeile 81 $G_{Mmin} = G_M$ gesetzt, und die aktuellen (bisher günstigsten) K_{P1} bis K_{P4} werden in Zeile 81 zu Mittelpunkten S_1 bis S_4 der Random-Bereiche gemacht (siehe Bild 6.4). In den Zeilen 86 und 88 werden für K_{P1} bis K_{P4} neue Random-Zahlen genommen. Danach wird in die Zeile 16 zurückgesprungen. (In Zeile 82 muß bisweilen der Divisor 20 eventuell vergrößert werden, um eine schnellere Konvergenz des Verfahrens zu erreichen). In Zeile 16 werden vor dem Eintritt in die k-Schleife t_A, A_1 und A_2 Null gesetzt. t_A behält den Wert $t_A = 0$, bis x_L seinen Sollwert x_{Lsoll} überschreitet. Zeile 70 bewirkt, daß t_A von 0 auf den t_k-Wert springt, bei dem das Überschreiten stattfindet (Punkte P in den Bildern 6.3). Während des ganzen restlichen Abarbeitens der k-Schleife behält t_A diesen Wert (wegen "AND tA = 0" in Zeile 70). Dadurch werden in den Zeilen 72 und 74 die Größen A_1 und A_2 berechnet durch Aufsummieren der Streifen $h \cdot |x_L - x_{Lsoll}|$ des Bildes 6.3b. Wenn sich bei einem Einschwingen ein G_M-Wert ergeben hat, der größer oder gleich G_{Mmin} ist, dann wird von der Zeile 80 nach der Zeile 86 gesprungen, wo neue Random-Werte für K_{P1} bis K_{P4} genommen werden. Zu den Zeilen 86 und 88 ist zu bemerken, daß $RND(1)$ eine Zufallszahl zwischen 0 und 1 ist, so daß beispielsweise $S_1 + D_1 * (0.5 - RND(1))$ eine Zufallszahl ist, die zwischen $S_1 - D_1/2$ und $S_1 + D_1/2$ liegt. S_1 ist also die Koordinate des Mittelpunktes und D_1 ist die Breite des Random-Bereiches Bild 6.4.

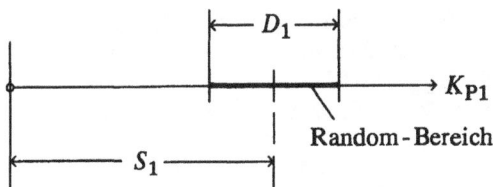

Bild 6.4.
Berechnunsskizze. Das dick gezeichnete Linienstück stellt den Random-Bereich dar, aus dem die Zufallszahlen für K_{P1} entnommen werden.

6.3.2 Simulation einer selbstoptimierenden Zustandsregelung zur Bestimmung der Regelparameter für vorgegebene Anregelzeit und Überschwingweite

Das Programm 6.1 soll nun so ergänzt bzw. geändert werden, daß eine selbstoptimierende Regelung simuliert wird, die K_{P1} bis K_{P4} sebsttätig so einstellt, daß beim Führungssprung 10% Überschwingen und eine Anregelzeit $t_A = 8$ Sekunden auftreten. In diesem Fall ist G_M nach der Gleichung (6.10) zu berechnen. Dafür ist das (ursprüngliche) Programm 6.1 mit den Programmzeilen "Änderung 3" zu ergänzen bzw. zu ändern. In Zeile 12 wird zunächst G_{Mmin} auf einen beliebigen sehr großen Wert gesetzt. In Zeile 16, in die immer zurückgesprungen wird, wird $x_{Lmax} = 0$ gesetzt. Zeile 70 bewirkt, daß x_{Lmax} im Verlauf des Abarbeitens einer k-Schleife immer größer wird, bis der Gipfel der Einschwingkurve erreicht ist. In der Zeile 72 wird $t_k - 8$ auf Null abgefragt (siehe hierzu Abschnitt 1). In dieser Zeile wird x_{L8} ermittelt. x_{L8} ist der Wert, den x_L im Zeitpunkt $t_k = 8$ Sek hat. G_{Mmin} wird im Verlauf der Berechnung immer kleiner. Wenn G_{Mmin} Null bzw. nahezu Null ist, dann müssen nach Programmzeile 74 $x_{Lmax} = 11$ m und $x_{L8} = 10$ m sein, womit die Aufgabe gelöst ist.

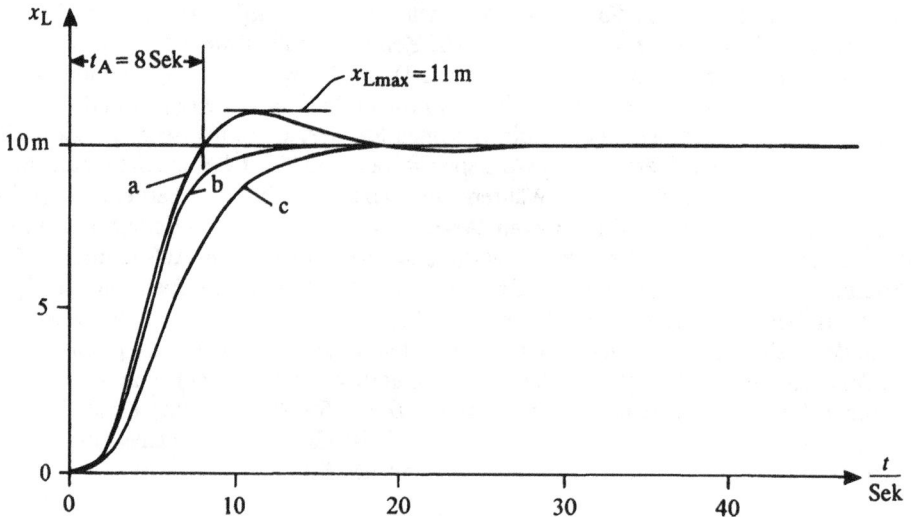

Bild 6.5. Auftragung der Führungs-Sprungantworten der Zustandsregelung Bild 6.1.
Kurve a: Anregelzeit $t_A = 8$ Sek und Überschwingen $x_{Lmax} = 11$ m vorgegeben,
Kurve b: Flächen $A_{1soll} = 50$ und $A_{2soll} = 0.01$ von Bild 6.3b vorgegeben,
Kurve c: Wurzeln der charakteristischen Gleichung vorgegeben.

Änderung 3 des (ursprünglichen) Programmes 6.1
zur Berechnung der *Kurve a* von Bild 6.5

12 GMmin=1000000	beliebiger hoher Anfangswert für G_{Mmin}
16 xLmax=0	vor der k-Schleife wird $x_{Lmax} = 0$ gesetzt
67 löschen	

70 IF xLk>xLmax THEN xLmax=xLk x_{Lmax} wird gebildet
72 IF ABS(tk-8)<h/2 THEN xL8=xLk x_{L8} wird gebildet
74 GM=ABS(xLmax-11)+ABS(xL8-10) G_M nach Gl.(6.10)
79 löschen
Zeilen 80, 81, 82, 84, 86, 88 und 89 wie bei "Änderung 2"

Wenn man das Programm 6.1 mit den Änderungen 3 startet, werden im Verlaufe einer längeren Rechenzeit folgende Werte ausgedruckt:

$10^5(w_1-x_{1k})$	G_{Mmin}	K_{P1}	K_{P2}	K_{P3}	K_{P4}
0.0000	4.1182	150.00	1000.00	35000.00	-10000.00
0.0000	4.0011	151.36	986.53	34668.85	-9810.49
. . . .	. . . .	. . . .	. . . .	. . . . .	. . . . .
0.0000	0.0003	201.14	818.29	39932.14	-10337.03

Das G_{Mmin} der letzten Zeile wird als klein genug angesehen. Die Einschwingkurve, die man mit den Beiwerten der letzten Zeile erhält, wird mit dem ursprünglichen Programm 6.1 simuliert. Dafür werden die Werte $K_{P1}=201.14$ bis $K_{P4}=-10337.03$ in die Zeile 11 des Programmes 6.1 eingesetzt. Nach dem Programmstart werden dann die Werte

t_k Sek	x_{1k} m	x_{3k} rad	x_{Lk} m
1.0	0.4826	-0.0530	0.0588
2.0	1.3113	-0.0873	0.6136
3.0	2.4409	-0.0590	1.9694
usw.			

ausgedruckt. Die x_L-Werte sind in Bild 6.5 als Kurve a aufgetragen.

6.4 Simulation des Einschwingens des Luenberger - Beobachters auf die Regelstrecke

Der herkömmliche Regelkreis hat eine Regelgröße und eine Stellgröße, wobei nur die Regelgröße gemessen wird. Wenn außer der Regelgröße auch z.B. die Ableitung und das Integral der Regelgröße zurückgeführt werden (PID-Regler), so werden diese durch Ableiten bzw. Integrieren der gemessenen Regelgröße gewonnen. Demgegenüber werden bei der Zustandsregelung i.a. mehrere Zustandsgrößen zurückgeführt, die nach Möglichlichkeit alle gemessen werden. Wenn nicht meßbare Zustandsgrößen zurückgeführt werden sollen, dann werden diese mit einem "Beobachter" (Rechenalgorithmus) ermittelt. Der Beobachter kennt von der Regelstrecke: 1. ihre Zustandsgleichungen, 2. ihr Eingangssignal $u(t)$ und 3. ihr gemessenes Ausgangssignal $y(t)$. Seine Aufgabe ist es, daraus die nicht meßbaren Zustandsgrößen $x_i(t)$ der Regelstrecke zu berechnen. Der

Einfachheit halber soll eine Regelstrecke betrachtet werden, die die Übertragungsfunktion

$$F_{Str}(s) = \frac{b_0 + b_1 s + \ldots + b_{n-1} s^{n-1}}{(s - \delta_1)(s - \delta_2) \cdots (s - \delta_n)} = \frac{b_0 + b_1 s + \ldots + b_{n-1} s^{n-1}}{a_0 + a_1 s + a_2 s^2 + \ldots + s^n} \qquad (6.11)$$

hat mit den Polen δ_1, δ_2, ... δ_n. Die zugehörige Differentialgleichung lautet, wenn zur besseren Unterscheidbarkeit die Regelgröße mit y (statt x) bezeichnet wird:

$$y^{(n)} + \ldots + a_2 \ddot{y} + a_1 \dot{y} + a_0 y = b_0 u + b_1 \dot{u} + b_2 \ddot{u} + \ldots + b_{n-1} u^{(n-1)} . \qquad (6.12)$$

Besonders einfach ist die Bestimmung des Beobachters, wenn die Zustandsgleichungen der Regelstrecke Gl.(6.11) in der Beobachtungsnormalform geschrieben werden. In den Zustandsgrößen z_i der Beobachtungsnormalform hat der sogen. Luenberger-Beobachter die Zustandsgleichung (für den folgenden Berechnungsgang sei auf [3], Seite 506 verwiesen, wobei wir h_i statt f_i und q statt $\underline{s}_1$ schreiben):

$$\dot{z} = Fz + bu + ly \qquad \textit{(Beobachter in Beobachtungsnormalform)} \qquad (6.13)$$

mit

$$z = \begin{bmatrix} z_1 \\ z_2 \\ \cdot \\ \cdot \\ z_n \end{bmatrix}, \quad F = \begin{bmatrix} 0 & \cdots & 0 & -h_0 \\ 1 & \cdot & & -h_1 \\ \cdot & \cdot & \cdot & \cdot \\ \cdot & & \cdot & \cdot \\ 0 & \cdots & 1 & -h_{n-1} \end{bmatrix}, \quad b = \begin{bmatrix} b_0 \\ b_1 \\ \cdot \\ \cdot \\ b_{n-1} \end{bmatrix}, \quad l = \begin{bmatrix} l_1 \\ l_2 \\ \cdot \\ \cdot \\ l_n \end{bmatrix} . \qquad (6.14)$$

Hierin sind die h_i die Koeffizienten des charakteristischen Polynoms von F. Um Sie zu bestimmen, werden die Eigenwerte β_1, β_2, ... β_n des Beobachters gewählt, womit sich für sein charakteristische Polynom

$$(s - \beta_1)(s - \beta_2) \cdots (s - \beta_n) = s^n + h_{n-1} s^{n-1} + \ldots + h_0 \qquad (6.15)$$

ergibt. Die Koeffizienten h_i werden ersichtlich aus den gewählten β_i durch Ausmultiplizieren der Klammern erhalten. Die in der Gl.(6.13) noch unbekannten Komponenten l_i des Vektors l folgen dann aus den Gleichungen

$$l_i = h_{i-1} - a_{i-1} \quad (i = 1, 2, \ldots n) . \qquad (6.16)$$

Im nächsten Schritt der Berechnung wird das Differentialgleichungssystem (6.13) für gegebene $y(t)$ und $u(t)$ gelöst, und danach werden die erhaltenen Lösungen $z_1(t)$, $z_2(t)$, $z_3(t)$, ... $z_n(t)$ durch Transformieren auf die Regelungsnormalform umgerechnet. Dadurch erhält man den Verlauf der Zustandsgrößen $x_{1s}(t)$, $x_{2s}(t)$, ... $x_{ns}(t)$, die beim idealen Beobachter in jedem Augenblick mit y, $\dot{y}$, $\ddot{y}$, ... $y^{(n-1)}$ übereinstimmen (siehe Gln.(6.26)). Als Anwendung kann man annehmen, daß die Regelgröße y und ihre Ableitungen, die nicht meßbar sind, zurückgeführt werden sollen. Wenn die Matrix A und der Vektor c^T der Regelungsnormalform bekannt sind (siehe Gl.(6.29)), kann der

Vektor z in den Vektor x der Regelungsnormalform mit der folgenden Formel transformiert werden ([3], S.423):

$$x = Sz \quad \text{mit} \quad S = (q, Aq, \ldots A^{n-1}q) \,. \tag{6.17}$$

Hierin ist q die Lösung des folgenden Gleichungssystems:

$$
\left.
\begin{aligned}
c^T q &= 0 \,, \\
c^T A q &= 0 \,, \\
&\;\;\vdots \\
c^T A^{n-2} q &= 0 \,, \\
c^T A^{n-1} q &= 1 \,.
\end{aligned}
\right\} \tag{6.18}
$$

Die Gln.(6.18) sind n Gleichungen für die n Komponeneten $q_1, q_2, \ldots q_n$ des Vektors q.

Als **Zahlenbeispiel** sei eine Regelstrecke 4. Ordnung gegeben (n = 4), die die Übertragungsfunktion Gl.(6.11) hat mit dem Zähler $b_0 = 1$, deren Übertragungsfunktion und Differentialgleichung also lauten:

$$F_{Str}(s) = \frac{1}{(s - \delta_1)(s - \delta_2)(s - \delta_3)(s - \delta_4)} = \frac{1}{a_0 + a_1 s + a_2 s^2 + a_3 s^3 + s^4} \,, \tag{6.19a}$$

$$y^{(4)} + a_3 \dddot{y} + a_2 \ddot{y} + a_1 \dot{y} + a_0 y = u \,. \tag{6.19b}$$

Die Strecken-Eigenwerte seien:

$$\delta_1 = -0.4 \,, \quad \delta_2 = -0.5 \,, \quad \delta_3 = -0.7 \,, \quad \delta_4 = -0.8 \,. \tag{6.20}$$

Hiermit erhält man durch Ausmultiplizieren des Nenners der Gl.(6.19a):

$$a_0 = 0.112 \,, \quad a_1 = 0.804 \,, \quad a_2 = 2.110 \,, \quad a_3 = 2.400 \,. \tag{6.21}$$

Berechnung des Beobachters. Unter den vielen Möglichkeiten werden für den Beobachter die vier Eigenwerte

$$\beta_1 = \beta_2 = -1.4 \,, \quad \beta_3 = \beta_4 = -1.5$$

gewählt, die weit genug in der linken Hälfte der s-Ebene liegen, so daß die Stabilität des Beobachters gewährleistet ist und die darüber hinaus weit genug links von den Eigenwerten Gl.(6.20) der Regelstrecke liegen, so daß rasches Einschwingen des Beobachters auf die Regelstrecke zu erwarten ist. Mit n = 4 lautet das ckarakteristische Polynom (6.15) des Beobachters

$$(s - \beta_1)(s - \beta_2)(s - \beta_3)(s - \beta_4) = s^4 + h_3 s^3 + h_2 s^2 + h_1 s + h_0 \,. \tag{6.22}$$

Aus dieser Gleichung folgt mit den vorstehenden Werten der β_i

$$h_0 = 4.41 \,, \quad h_1 = 12.18 \,, \quad h_2 = 12.61 \,, \quad h_3 = 5.80 \,, \tag{6.23}$$

und mit diesen und den Werten Gl.(6.21) erhält man weiter aus Gl.(6.16):

$$l_1 = 4.298 \,, \quad l_2 = 11.376 \,, \quad l_3 = 10.5 \,, \quad l_4 = 3.4 \,. \tag{6.24}$$

Nach Einsetzen der Gln.(6.14) in die Gl.(6.13) gewinnt man aus der letztgenannten Gleichung für den Beobachter die folgenden vier Differentialgleichungen, die in der Form der Gln.(2.8) geschrieben sind und deren Konstanten aufgrund der Gln.(6.23), (6.24) bekannt sind:

$$\dot{z}_1 = f_1 \quad \text{mit} \quad f_1 = -h_0 z_4 + l_1 y + u \,, \tag{6.25a}$$

$$\dot{z}_2 = f_2 \quad \text{mit} \quad f_2 = z_1 - h_1 z_4 + l_2 y \,, \tag{6.25b}$$

$$\dot{z}_3 = f_3 \quad \text{mit} \quad f_3 = z_2 - h_2 z_4 + l_3 y \,, \tag{6.25c}$$

$$\dot{z}_4 = f_4 \quad \text{mit} \quad f_4 = z_3 - h_3 z_4 + l_4 y \,. \tag{6.25d}$$

Zustandsgleichung der Regelstrecke. Die Diffgl. (6.19b) der Regelstrecke wird auf dem im Vorhergehenden mehrfach eingeschlagenen Weg in ein Differentialgleichungssystem 1. Ordnung umgewandelt. Dafür wird gesetzt:

$$\left. \begin{aligned} y &= x_1 \,, \\ \dot{y} &= x_2 \,, \\ \ddot{y} &= x_3 \,, \\ \dddot{y} &= x_4 \,. \end{aligned} \right\} \tag{6.26}$$

Hieraus ergeben sich in leicht ersichtlicher Weise die ersten drei der folgenden Gleichungen, und durch Einsetzen der Gleichungen (6.26) in Gl.(6.19b) erhält man die Gl.(6.27d). Somit hat die Regelstrecke die Zustandsgleichungen:

$$\dot{x}_1 = x_2 \,, \tag{6.27a}$$

$$\dot{x}_2 = x_3 \,, \tag{6.27b}$$

$$\dot{x}_3 = x_4 \,, \tag{6.27c}$$

$$\dot{x}_4 = u - a_0 x_1 - a_1 x_2 - a_2 x_3 - a_3 x_4 \,. \tag{6.27d}$$

Diese vier Differentialgleichungen und die Gleichung $y = x_1$ können zusammengefaßt werden in der Form

$$\dot{x} = A x + b u, \qquad y = c^T x \qquad \text{(\textit{Regelstrecke in der Regelungsnormalform})} \qquad (6.28)$$

mit den Größen:

$$x = \begin{bmatrix} x_1 \\ x_2 \\ x_3 \\ x_4 \end{bmatrix}, \quad A = \begin{bmatrix} 0 & 1 & 0 & 0 \\ 0 & 0 & 1 & 0 \\ 0 & 0 & 0 & 1 \\ -a_0 & -a_1 & -a_2 & -a_3 \end{bmatrix}, \quad b = \begin{bmatrix} 0 \\ 0 \\ 0 \\ 1 \end{bmatrix}, \quad c^T = [1,0,0,0]. \qquad (6.29)$$

Gl.(6.28) ist die Zustandsgleichung der Regelstrecke in der Regelungsnormalform. Die Zahlenwerte der Koeffizienten sind nach dem Vorhergehenden bekannt.

Berechnung der Zustandsgrößen x_i aus den Zustandsgrößen z_i der Beobachtungsnormalform. Dies geschieht mit der Transformation Gl.(6.17). Dafür müssen zunächst aus den Gln.(6.18) die Komponenten q_1, q_2, q_3, q_4 des Vektors

$$q = \begin{bmatrix} q_1 \\ q_2 \\ q_3 \\ q_4 \end{bmatrix} \qquad (6.30)$$

berechnet werden. Mit c^T nach Gl.(6.29) lautet die erste Gl.(6.18):

$$c^T q = [1,0,0,0] \begin{bmatrix} q_1 \\ q_2 \\ q_3 \\ q_4 \end{bmatrix} = q_1 = 0. \qquad (6.31)$$

Damit ist q_1 bekannt. Mit c^T und A nach den Gln.(6.29) gilt

$$c^T A = [1,0,0,0] \begin{bmatrix} 0 & 1 & 0 & 0 \\ 0 & 0 & 1 & 0 \\ 0 & 0 & 0 & 1 \\ -a_0 & -a_1 & -a_2 & -a_3 \end{bmatrix} = [0,1,0,0],$$

und hiermit erhält man weiter nach der zweiten Gl.(6.18):

$$c^T A q = [0,1,0,0] \begin{bmatrix} q_1 \\ q_2 \\ q_3 \\ q_4 \end{bmatrix} = q_2 = 0. \qquad (6.32)$$

Damit ist auch q_2 bekannt. Wie man leicht nachrechnet, ergibt sich mit den Abkürzungen

$$\alpha_0 = a_0 a_3 , \quad \alpha_1 = -a_0 + a_1 a_3 , \quad \alpha_2 = -a_1 + a_2 a_3 , \quad \alpha_3 = -a_2 + a_3^2 \tag{6.33}$$

für A^2 die Matrix

$$A^2 = \begin{bmatrix} 0 & 0 & 1 & 0 \\ 0 & 0 & 0 & 1 \\ -a_0 & -a_1 & -a_2 & -a_3 \\ \alpha_0 & \alpha_1 & \alpha_2 & \alpha_3 \end{bmatrix} . \tag{6.34}$$

Hiermit und mit c^T nach Gl.(6.29) erhält man

$$c^T A^2 = [0,0,1,0] ,$$

womit sich weiter aufgrund der Gln.(6.18) ergibt:

$$c^T A^2 q = [0,0,1,0] \begin{bmatrix} q_1 \\ q_2 \\ q_3 \\ q_4 \end{bmatrix} = q_3 = 0 . \tag{6.35}$$

Damit ist q_3 bekannt. Um als letztes auch noch q_4 zu ermitteln, wird aus den Gln. (6.29) und (6.34) A^3 berechnet. Man erhält

$$A^3 = \begin{bmatrix} 0 & 0 & 0 & 1 \\ -a_0 & -a_1 & -a_2 & -a_3 \\ \alpha_0 & \alpha 1 & \alpha 2 & \alpha 3 \\ -a_0\alpha_3 & \alpha_0-a_1\alpha_3 & \alpha_1-a_2\alpha_3 & \alpha_2-a_3\alpha_3 \end{bmatrix} .$$

Hiermit folgt auf demselben Weg wie oben aus der letzten Gl.(6.18)

$$c^T A^3 q = q_4 = 1 . \tag{6.36}$$

Die gefundenen q_i-Werte werden zusammengefaßt in der folgenden Formel für q:

$$q = \begin{bmatrix} q_1 \\ q_2 \\ q_3 \\ q_4 \end{bmatrix} = \begin{bmatrix} 0 \\ 0 \\ 0 \\ 1 \end{bmatrix} . \tag{6.37}$$

Im nächsten Schritt der Berechnung wird die Transformationsmatrix S nach Gl.(6.17) berechnet. Unter Verwendung der vorstehenden Ergebnisse erhält man zunächst für die einzelnen Spaltenvektoren von S:

$$q = \begin{bmatrix} 0 \\ 0 \\ 0 \\ 1 \end{bmatrix} , \quad Aq = \begin{bmatrix} 0 \\ 0 \\ 1 \\ -a_3 \end{bmatrix} , \quad A^2 q = \begin{bmatrix} 0 \\ 1 \\ -a_3 \\ \alpha_3 \end{bmatrix} , \quad A^3 q = \begin{bmatrix} 1 \\ -a_3 \\ \alpha_3 \\ \alpha_2-\alpha_3 a_3 \end{bmatrix} .$$

Dies wird in die zweite Gl.(6.17) eingesetzt. Damit ist die Transformations-Matrix S bekannt, und die erste Gl.(6.17), $x = S z$, bekommt die Gestalt

$$\begin{bmatrix} x_1 \\ x_2 \\ x_3 \\ x_4 \end{bmatrix} = \begin{bmatrix} 0 & 0 & 0 & 1 \\ 0 & 0 & 1 & -a_3 \\ 0 & 1 & -a_3 & \alpha_3 \\ 1 & -a_3 & \alpha_3 & \alpha_2 - \alpha_3 a_3 \end{bmatrix} \cdot \begin{bmatrix} z_1 \\ z_2 \\ z_3 \\ z_4 \end{bmatrix} . \tag{6.38}$$

Und hieraus gewinnt man in bekannter Weise die vier gesuchten Transformationsgleichungen, wobei die x_1, x_2, x_3 und x_4 mit dem zusätzlichen Index "s" versehen werden, der andeutet, daß es sich um Ausgangssignale des Beobachters (Schätzwerte) handelt:

$$x_{1s} = z_4 , \tag{6.39a}$$

$$x_{2s} = z_3 - a_3 z_4 , \tag{6.39b}$$

$$x_{3s} = z_2 - a_3 z_3 + \alpha_3 z_4 , \tag{6.39c}$$

$$x_{4s} = z_1 - a_3 z_2 + \alpha_3 z_3 + (\alpha_2 - \alpha_3 a_3) z_4 . \tag{6.39d}$$

Mit diesen Gleichungen werden die Zustandsgrößen von der Beobachtungsnormalform in die Regelungsnormalform transformiert.

Mit dem folgenden Programm wird für die Regelstrecke Gl.(6.19a) die Sprungantwort $y(t)$ berechnet und es wird kontrolliert, wie rasch das Ausgangssignal x_{1s} des Beobachters auf die Sprungantwort $y(t)$ der Regelstrecke einschwingt (Bild 6.6). Beim idealen Beobachter wäre in jedem Augenblick exakt $x_{1s} = y(t)$. Ebenso würde der ideale Beobachter die Ableitungen der Regelgröße exakt berechnen, so daß für den idealen Beobachter auch in jedem Augenblick $x_{2s} = \dot{y}$, $x_{3s} = \ddot{y}$, $x_{4s} = \dddot{y}$ gelten würden. Die Regelstrecken-Sprungantwort für einen Eingangssprung der Sprunghöhe 1 könnte durch Lösen des Diffgl.-Systems (6.27a bis d) berechnet werden. Um Platz zu sparen, soll hier jedoch die Formel

$$y = A + B e^{\delta_1 t} + C e^{\delta_2 t} + D e^{\delta_3 t} + E e^{\delta_4 t} \tag{6.40}$$

benutzt werden, die nach der Methode der Laplacetransformation gewonnen wird. Für die Eigenwerte δ_i sind die Werte Gl.(6.20) einzusetzen. Die Werte der Konstanten A, B, C, D und E sind in der Zeile 16 des Programmes 6.2 aufgeführt (Von allen angegebenen Zahlenwerten sind nur diese gerundet). Das Programm löst zunächst in den Zeilen 20 bis 75 das Diffgl.-System (6.25a bis d). In den anschließenden Programmzeilen 80 bis 83 wird die Lösung nach den Gln.(6.39a bis d) auf die Regelungsnormalform transformiert. Neue **Basic-Bezeichnungen:** $\alpha = al$ und $\delta = de$. Die Anfangswerte Zeile 17 des Beobachters sind willkürlich gewählt.

Lauffähiges Programm 6.2
Simulation des Einschwingens des Luenberger-Beobachters
10 h=0.01 h ist gewählt
11 de1 = -0.4:de2 = -0.5:de3 = -0.7:de4 = -0.8   nach Gl.(6.20)

```
12 a0=0.112:a1=0.804:a2=2.11:a3=2.4                                    "  Gl.(6.21)
13 h0=4.41:h1=12.18:h2=12.61:h3=5.8                                    "  Gl.(6.23)
14 l1=4.298:l2=11.376:l3=10.5:l4=3.4                                   "  Gl.(6.24)
15 al2=4.26:al3=3.65                  (al0, al1 nicht benötigt)         "  Gl.(6.33)
16 A=8.9286:B=-208.3333:C=333.3333:D=-238.0952:E=104.1667         siehe Text
17 z1j=5:z2j=5:z3j=5:z4j=5                   gewählte Anfangswerte für Beobachter
20 FOR k=1 TO 2000


30 t=tj:z1=z1j:z2=z2j:z3=z3j:z4=z4j                    Lösung der Diffgln. (6.25a)
31 GOSUB 90                                            bis (6.25d) nach dem Ver-
32 k1=h*f1:m1=h*f2:n1=h*f3:o1=h*f4                     fahren von Runge u. Kutta


40 t=tj+h/2:z1=z1j+k1/2:z2=z2j+m1/2:z3=z3j+n1/2:z4=z4j+o1/2       "
41 GOSUB 90                                                       "
42 k2=h*f1:m2=h*f2:n2=h*f3:o2=h*f4                                "


50 t=tj+h/2:z1=z1j+k2/2:z2=z2j+m2/2:z3=z3j+n2/2:z4=z4j+o2/2       "
51 GOSUB 90                                                       "
52 k3=h*f1:m3=h*f2:n3=h*f3:o3=h*f4                                "


60 t=tj+h:z1=z1j+k3:z2=z2j+m3:z3=z3j+n3:z4=z4j+o3                 "
61 GOSUB 90                                                       "
62 k4=h*f1:m4=h*f2:n4=h*f3:o4=h*f4                                "


70 z1k=z1j+(k1+2*k2+2*k3+k4)/6                                    "
71 z2k=z2j+(m1+2*m2+2*m3+m4)/6                                    "
72 z3k=z3j+(n1+2*n2+2*n3+n4)/6                                    "
73 z4k=z4j+(o1+2*o2+2*o3+o4)/6                                    "
74 tk=tj+h                                                        "
75 tj=tk:z1j=z1k:z2j=z2k:z3j=z3k:z4j=z4k               Durchschieben der Werte


80 x1s=z4k                               x1s ist Schätzwert von y, Gl.(6.39a)
81 x2s=z3k-a3*z4k                        x2s  "      "    "  ẏ, Gl.(6.39b)
82 x3s=z2k-a3*z3k+al3*z4k                x3s  "      "    "  ÿ, Gl.(6.39c)
83 x4s=z1k-a3*z2k+al3*z3k+(al2-al3*a3)*z4k   x4s  "      "    "  ÿ̇, Gl.(6.39d)
85 PRINT t;y;x1s;x2s;x3s;x4s
86 NEXT k
87 STOP


90 u=1                        Sprungfunktion als Eingangssignal der Regelstrecke
91 y=A+B*exp(de1*t)+C*exp(de2*t)+D*exp(de3*t)+E*exp(de4*t)    nach Gl.(6.40)
92 f1=   -h0*z4+l1*y+u                                        "  Gl.(6.25a)
93 f2=z1-h1*z4+l2*y                                           "  Gl.(6.25b)
94 f3=z2-h2*z4+l3*y                                           "  Gl.(6.25c)
95 f4=z3-h3*z4+l4*y                                           "  Gl.(6.25d)
96 RETURN
```

Nach dem Programmstart werden Werte ausgedruckt, die ab $t = 5$ unten aufgeführt sind und aus denen man erkennen kann, wie das Ausgangssignal x_{1s} des Beobachters auf das Ausgangssignal y der Regelstrecke einschwingt. Entsprechend müssen x_{2s} auf $\dot{y}$, x_{3s} auf $\ddot{y}$ und x_{4s} auf $\dddot{y}$ einschwingen. Auch dies läßt sich leicht nachweisen, indem man von y nach Gl.(6.40) die Formel für die jeweilige Ableitung bildet und als Zeile 84 in das Programm schreibt. Die n-te Ableitung lautet:

$$y^{(n)} = B\,\delta_1^n\,e^{\delta_1 t} + C\,\delta_2^n\,e^{\delta_2 t} + D\,\delta_3^n\,e^{\delta_3 t} + E\,\delta_4^n\,e^{\delta_4 t} \; .$$

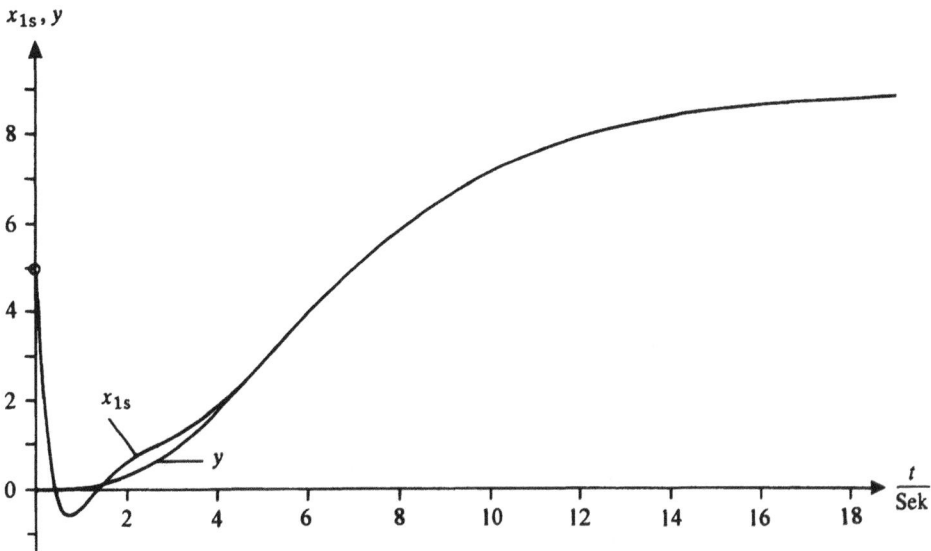

Bild 6.6. Einschwingen des Luenberger-Beobachters x_{1s} auf die Sprungantwort y der Regelstrecke, simuliert mit dem Programm 6.2.

Da die Sprungantwort $y(t)$ für $t \to \infty$ auf einen konstanten Wert einläuft, müssen x_{2s}, x_{3s} und x_{4s} für $t \to \infty$ nach Null gehen. In Bild 6.6 sind die erhaltenen x_{1s}- und y-Werte, von denen die Tabelle einen kleinen Ausschnitt wiedergibt, über der Zeit t aufgetragen.

t	y	x_{1s}	x_{2s}	x_{3s}	x_{4s}
. . . .	. . . . .	. . . . .	. . . . .	. . . . .	. . . . .
5.00	2.8134	2.8502	1.1802	0.0027	−0.1546
5.01	2.8245	2.8608	1.1793	0.0017	−0.1537
5.02	2.8355	2.8714	1.1785	0.0007	−0.1527
usw.					

Die Regelstrecken-Sprungantwort Gl.(6.40) und ihre Ableitungen haben die Anfangswerte Null, $y(0) = \dot{y}(0) = \ddot{y}(0) = \dddot{y}(0) = 0$. Wenn man für das Ausgangssignal des Beobachters dieselben Anfangswerte Null vorgibt, $x_{1s}(0) = x_{2s}(0) = x_{3s}(0) = x_{4s}(0) = 0$, so entsprechen diesen nach den Gln.(6.39a bis d) die Werte $z_1 = 0, z_2 = 0, z_3 = 0, z_4 = 0$. Nach Einsetzen dieser Anfangswerte in die Programmzeile 17 (anstelle von $z_1 = z_2 = z_3 = z_4 = 5$) werden von dem Programm Werte $x_{1s}, \ldots x_{4s}$ ausgedruckt, die in jedem Augenblick mit den entsprechenden Ableitungen von y übereinstimmen: $x_{1s} = y$, $x_{2s} = \dot{y}$, $x_{3s} = \ddot{y}$, $x_{4s} = \dddot{y}$ wie beim idealen Beobachter.

Schließlich ließe sich jetzt auch der Einfluß des Beobachters auf einen Regelvorgang untersuchen. Dafür muß der Regelkreis mit einem Regelalgorithmus geschlossen werden, mit dem y, x_{2s}, x_{3s} und x_{4s} zurückgeführt werden.

7. Simulation von Abtastregelungen

7.1 Allgemeines über Abtastregelungen

Bei Abtastregelungen tastet der regelnde Rechner in konstantem zeitlichen Abstand T (sogen. Tastperiode) die Werte x_{1k}, x_{2k}, x_{3k} usw. ab, die die Zustandsgrößen x_1, x_2, x_3, . . . in den "Tastzeitpunkten" $t_k = k \cdot T$ ($k = 0, 1, 2, 3, . . .$) haben. Mit diesen Werten berechnet er nach seinem einprogrammierten Regelalgorithmus die Stellgröße u, die er bis zur nächsten Abtastung konstant hält, wie Bild 7.1 zeigt. *Bei der Regelkreis-simulation wird diese Konstanz der Stellgrößen dadurch erreicht, daß in die k-Schleife des Simulations-Programmes eine n-Schleife eingezogen wird, für die die Stellgröße konstant ist*, siehe das Simulations-Programm 7.1. In dem Programm sind x_{1a} und x_{1b} gemäß Bild 7.1 zwei im zeitlichen Abstand h aufeinanderfolgende x_1-Werte. Entsprechendes gilt für x_{2a}, x_{2b} sowie x_{3a}, x_{3b} usw.. Beim Abarbeiten der n-Schleife wird der Übergang der Zustandsgrößen x_1, x_2, x_3, . . . der Regelstrecke von einem Tastzeitpunkt zum nächsten berechnet, der in Bild 7.1 für x_1 durch die Kurve c dargestellt wird. Die Werte t_b, x_{1b}, x_{2b}, x_{3b}, . . . , die beim Austritt aus der n-Schleife auftreten, sind gleichzeitig die Werte t_k, x_{1k}, x_{2k}, x_{3k} usw., die t, x_1, x_2, x_3 usw. in

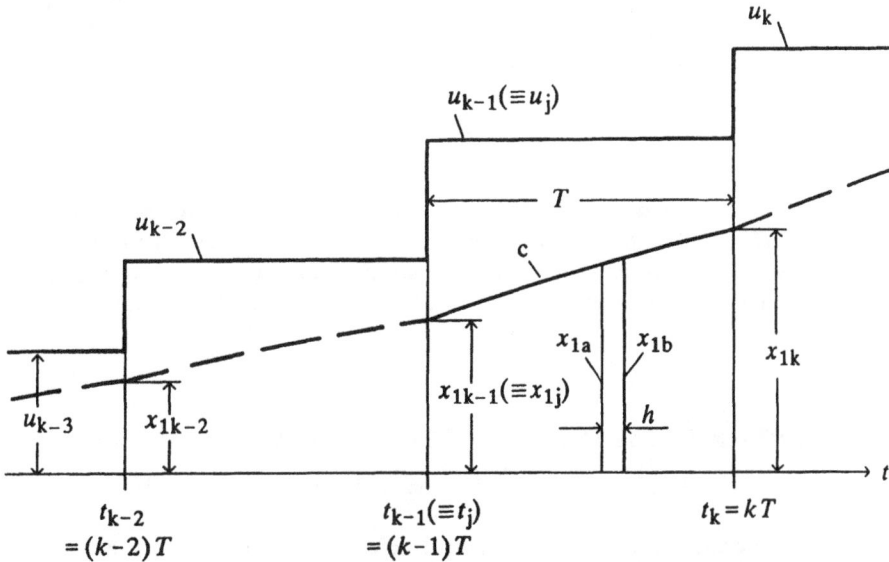

Bild 7.1. Berechnungsskizze zu den Programmen 7.1 und 7.2. Die Stellgröße u ist das Eingangssignal und x_1 ist Ausgangssignal der Regelstrecke. Kurve c Verlauf von x_1 zwischen den Abtastzeitpunkten. Wie für x_1 könnte man entsprechende Kurven auch für x_2, x_3 und x_4 in das Bild einzeichnen. T Tastperiode. Im Programm wird zur Abkürzung der Index k-1 durch den Index j ersetzt.

dem Tastzeitpunkt $t_k = k \cdot T$ haben (Zeile 70 in dem Programm 7.1): $t_k = t_b$, $x_{1k} = x_{1b}$, $x_{2k} = x_{2b}$ usw.. Die Stellgröße berechnet der regelnde Rechner nach seinem ein-programmierten Regelalgorithmus aus den Werten, die die Regelgröße bzw. die Zu-standsgrößen in den Tastzeitpunkten $t_k = k \cdot T$ ($k = 0$, 1, 2, . . .) haben. Die Werte, die die Größen zwischen den Tastzeitpunkten haben, sind dem regelnden Rechner prin-zipiell unbekannt. Daher kann er Integrale und Ableitungen nur näherungsweise be-rechnen. Beispielsweise wird das Integral $\int e_1 dt = \int (w_1 - x_1) dt$ nach der Rechteck-regel als Summe $Sm_k = Sm(kT) = \sum_{v=0}^{k-1} e_1(vT) \cdot T$ berechnet. Im Programm 7.1 geschieht dies dadurch, daß bei jedem Durchgang durch die Zeile 72 die "Summe" Sm um den Wert $e_{1k-1} \cdot T$ erhöht wird nach der Gleichung $Sm_k = Sm_{k-1} + e_{k-1}T$ (in der Basic-Schreibweise: Smk = Smj + e1j∗T). Für die Tastzeitpunkte $t = k \cdot T$ ergibt beispielsweise die PI-Reglergleichung Tabelle I, Zeile 3 die Stellgrößenwerte

$$u(kT) = K_P \left(e_1(kT) + \frac{1}{T_N} \int_0^{kT} e_1(t) dt \right).$$

Mit dem Näherungswert Sm_k des Integrals folgt hieraus der sogen. PI-Regelalgorithmus in der Integralform:

$$u_k = K_P \cdot (e_{1k} + Sm_k / T_N). \tag{7.1}$$

Wenn im Regelalgorithmus auch nicht meßbare Ableitungen der Regelgröße berück-sichtigt werden sollen, so können diese durch Differenzenbildung berechnet werden. Die erste Ableitungen von x_1 bzw. e_1 berechnet der regelnde Rechner als $\dot{x}_{1k} = (x_{1k} - x_{1k-1})/T$ bzw. $\dot{e}_{1k} = (e_{1k} - e_{1k-1})/T$. Damit lautet der PID-Regelalgorithmus in der Integralform ("Vorhaltzeit" T_V ist wie K_P und T_N eine für gutes Regelverhalten zu wählende Konstante):

$$u_k = K_P \left(e_{1k} + \frac{Sm_k}{T_N} + \frac{T_V}{T} (e_{1k} - e_{1k-1}) \right). \tag{7.2}$$

Aus diesen Gleichungen kann man leicht den PI- und PID-Regelalgorithmus in der sogen. Differenzenform herleiten (siehe z.B. [4], [8] und Tabelle II). Man kann statt linearer Regelalgorithmen auch nichtlineare verwenden, d.h. man könnte z.B. im obigen Regelalgorithmus u_k auch als nichtlineare Funktion von e_{1k} und Sm_k ansetzen. Der im Folgenden beschriebene Berechnungsgang ändert sich dadurch nicht.

7.2 Simulation des Führungsverhaltens einer Abtastrege-lung, Kontrolle der Genauigkeit der Ergebnisse

Der zeitliche Verlauf der Regelgröße x_1 wird berechnet, indem man von einem Tast-zeitpunkt zum folgenden rechnet (Bild 7.1). Wenn die Werte x_{1k-1}, x_{2k-1}, x_{3k-1} usw. bekannt sind, die die Regelgröße x_1 und die anderen Zustandsgrößen x_2, x_3 usw. im Zeitpunkt t_{k-1} haben und auch der Wert u_{k-1} bekannt ist, den die Stellgröße während der Zeit von t_{k-1} bis t_k hat, kann man nach dem Runge-Kutta-Verfahren die Übergangskurve c in Bild 7.1 berechnen (und ensprechende Kurven für x_2, x_3 usw.). Diese Berechnung wird in den Programmen 7.1, 7.2 in der n-Schleife durchgeführt.

Damit sind auch die Werte x_{1k}, x_{2k}, x_{3k} usw. bekannt, die x_1, x_2, x_3 usw. im nächsten Tastzeitpunkt t_k haben, so daß man nach dem Regelalgorithmus den nächsten Stellgrößenwert u_k berechnen kann. Damit sind alle Größen bekannt, die erforderlich sind für die Berechnung des nächsten Überganges vom Zeitpunkt t_k zum Zeitpunkt t_{k+1} (siehe Bild 7.1). So fortfahrend wird der ganze Regelvorgang berechnet.

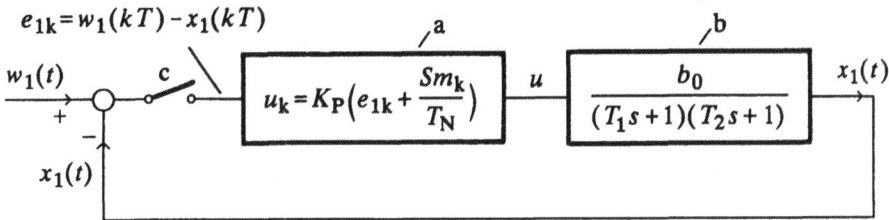

Bild 7.2. Der Abtastregelkreis von Programm 7.1. a regelnder Rechner mit PI-Regelalgorithmus, b kontinuierliche Regelstrecke mit zwei Zeitkonstanten T_1 und T_2, c den Tastvorgang symbolisierender Taster.

Um die Genauigkeit des **Simulationsverfahrens dieses Abschnittes** kontrollieren zu können, wird zunächst eine lineare Regelung simuliert, weil lineare Abtastregelungen auch mathematisch exakt berechnet werden können (siehe z.B. [4], [8]). Dementsprechend wird als erstes Beispiel das Folgeverhalten der Regelung Bild 7.2 simuliert, die aus einer linearen Verzögerungsstrecke 2. Ordnung mit der Übertragungsfunktion

$$F_{Str} = \frac{b_0}{(T_1 s + 1)(T_2 s + 1)} \qquad (7.3)$$

besteht und einem Rechner, der mit dem PI-Regelalgorithmus programmiert ist (Abschnitt 7.1). Zur Lösung der Aufgabe wird zunächst die Differentialgleichung der Regelstrecke ermittelt. Durch Ausmultiplizieren des Nenners geht Gl.(7.3) über in

$$F_{Str} = \frac{b_0}{T_1 T_2 s^2 + (T_1 + T_2)s + 1} \; . \qquad (7.4)$$

Die zugehörige Differentialgleichung lautet bekanntlich

$$T_1 T_2 \ddot{x}_1 + (T_1 + T_2)\dot{x}_1 + x_1 = b_0 u \; . \qquad (7.5)$$

Durch Auflösen nach $\ddot{x}_1$ und mit $\dot{x}_1 = x_2$ folgt hieraus (analog wie früher):

$$\dot{x}_1 = f_1 \quad \text{mit} \quad f_1 = x_2 \, , \qquad (7.6)$$

$$\dot{x}_2 = f_2 \quad \text{mit} \quad f_2 = \frac{b_0 u - (T_1 + T_2)x_2 - x_1}{T_1 T_2} \; . \qquad (7.7)$$

Diese Gleichungen beschreiben die Regelstrecke. Sie stehen in der Zeile 90 des folgenden Programmes. Um mit dem Programm zunächst die Führungssprungantwort zu simulieren, werden die eingerückten Zeilen fortgelassen, die im nächsten Abschnitt 7.3 benötigt werden. Der Aufbau des Restprogrammes folgt den Erläuterungen des vorhergehenden Abschnittes 7.1. Auch die Herleitung des Regelalgorithmus Zeilen 72, 73 findet sich dort. Da die n-Schleife 20 mal durchlaufen wird, ist die Tastperiode $T = 20 \cdot h$. Wenn man das Programm ohne die eingerückten Zeilen startet, werden die x_{1k}-Werte 0, 0, 0, 0, 0, 0.01358, 0.04935, 0.10075 usw. für die Führungssprungantwort ausgedruckt, die in Bild 7.3 als Kurve a aufgetragen sind.

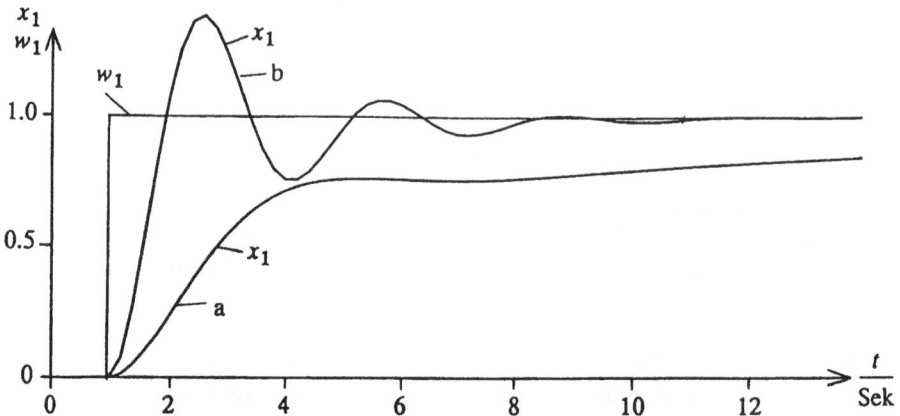

Bild 7.3. Führungssprungantworten, simuliert mit Programm 7.1. Kurve a simuliert mit $K_P = 1.5$, $T_N = 11$ Sek. Kurve b optimaler Übergang, für den die "quadratische Regelfläche" $\int (w_1 - x_1)^2 \mathrm{d}t$ möglichst klein ist. Die Kurven setzen sich aus lauter Geradenstücken zusammen. Berechnet sind die Kurven-Knickpunkte, die einen horizontalen Abstand $T = 0.2$ Sek haben. Der Plotter, mit dem die Kurven aufgenommen wurden, hat die Knickpunkte geradlinig verbunden.

Für die Simulation der Abtastregelungen werden die folgenden Basic-Bezeichnungen verwendet, siehe auch Bild 7.1:

$t_k = \mathrm{tk}$, $x_{1k} = \mathrm{x1k}$, $x_{2k} = \mathrm{x2k}$, $u_k = \mathrm{uk}$, $e_{1k} = w_{1k} - x_{1k} = \mathrm{e1k}$,
$t_{k-1} = \mathrm{tj}$, $x_{1k-1} = \mathrm{x1j}$, $x_{2k-1} = \mathrm{x2j}$, $u_{k-1} = \mathrm{uj}$, $e_{1k-1} = w_{1k-1} - x_{1k-1} = \mathrm{e1j}$,

$t_a = \mathrm{ta}$, $x_{1a} = \mathrm{x1a}$, $x_{2a} = \mathrm{x2a}$, $Sm_k = \mathrm{Smk}$,
$t_b = \mathrm{tb}$, $x_{1b} = \mathrm{x1b}$, $x_{2b} = \mathrm{x2b}$, $Sm_{k-1} = \mathrm{Smj}$.

Lauffähiges Programm 7.1. Für die Simulation der Führungssprungantwort sind die eingerückten Zeilen zu löschen. Mit dem kompletten Programm einschließlich der eingerückten Zeilen wird die selbstoptimierende Regelung simuliert, näheres Abschnitt 7.3.

```
10 b0=1:T1=1:T2=2:h=0.01:KP=1.5:TN=11:T=20*h        gewählte Konstanten
  12 GMmin=100000                        beliebiger hoher Anfangswert für GMmin
14 ta=0:x1a=0:x2a=0:uj=0:e1j=0:w1k=0:Smj=0        Nullsetzen der Anfangswerte
  15 GM=0                        vor Eintritt in k-Schleife wird GM=0 gesetzt
```

```
16 FOR k=1 TO 1000 · · · · · · · · · · ·    Beginn der k-Schleife
18 FOR n=1 TO 20 · · · · · · · ·            Beginn der n-Schleife zur
                                            Berechnung des Verlaufes
20 x1=x1a:x2=x2a                            zwischen zwei Tastzeitpunk-
21 GOSUB 90                                 ten (Kurvenstück c in Bild 7.1)
22 k1=h*f1:l1=h*f2                          Dabei ist u(t)=uⱼ konstant.

30 x1=x1a+k1/2:x2=x2a+l1/2
31 GOSUB 90
32 k2=h*f1:l2=h*f2

40 x1=x1a+k2/2:x2=x2a+l2/2
41 GOSUB 90
42 k3=h*f1:l3=h*f2

50 x1=x1a+k3:x2=x2a+l3
51 GOSUB 90
52 k4=h*f1:l4=h*f2

60 x1b=x1a+(k1+2*k2+2*k3+k4)/6
61 x2b=x2a+(l1+2*l2+2*l3+l4)/6
64 tb=ta+h

65 ta=tb:x1a=x1b:x2a=x2b                    Durchschieben der Werte
66 REM PRINT tb;w1b;x1b                     Drucken Kurve c (Bild 7.1)
67 NEXT n · · · · · · · · · · · ·           Ende der n-Schleife

70 tk=tb:x1k=x1b:x2k=x2b                    Werte in dem Tastzeitpunkt tₖ
71 IF tk>1-h/2 THEN w1k=1                   Aufschalten des Führungssprunges
72 e1k=w1k-x1k:Smk=Smj+e1j*T                Smₖ nach Abschnitt 7.1
73 uk=KP*(e1k+Smk/TN)                       uₖ nach Gl.(7.1)
74 PRINT tk;w1k;x1k
75 e1j=e1k:Smj=Smk:uj=uk       Durchschieben zum folgenden Tastzeitpunkt
76 GM=GM+T*e1k^2                            Berechnung des Gütemaßes
77 NEXT k · · · · · · · · · · · · · ·       Ende der k-Schleife
78 STOP

80 IF GM>=GMmin GOTO 84
82 GMmin=GM:S1=KP:S2=TN:D1=KP/10:D2=TN/10
83 PRINT GM;KP;TN;e1k                        Erläuterung siehe
84 KP=S1+D1*(0.5-RND(1)):TN=S2+D2*(0.5-RND(1))   Text Abschnitt 7.3
85 GOTO 14

90 f1=x2:f2=(b0*uj-x1-(T1+T2)*x2)/(T1*T2)    nach Gln.(7.6), (7.7)
92 RETURN
```

t_k	x_{1k} berechnet mit Programm 7.1	x_{1k} exakt berechnet nach [4]
0.2	0.00000000000	0.00000000000
. .	. . . . .	. . . . .
1.0	0.00000000000	0.00000000000
1.2	0.07479825221	0.07479825210
1.4	0.26738669968	0.26738669952
1.6	0.52734356768	0.52734356754
1.8	0.80273024067	0.80273024058
2.0	1.04840244361	1.04840244362
2.2	1.23179901815	1.23179901826

Tabelle 7.1. Vergleich der mit dem Programm 7.1 erhaltenen Ergebnisse mit den exakten. Die beiden rechten Tabellen-Spalten sind berechnet mit K_P = 8.2596, T_N = 9.4497. Unterschiede der x_{1k}-Werte treten erst in der zehnten oder elften Stelle hinter dem Komma auf.

7.3 Ermitteln optimaler Parameterwerte durch Simulation einer selbstoptimierenden Abtastregelung

Das vollständige Programm 7.1 simuliert eine selbstoptimierende Regelung, mit der die Parameter K_P und T_N so bestimmt werden, daß die "quadratische Regelfläche" $G_M = \int (w_{1k} - x_{1k})^2 dt$ möglichst klein ist (Abschnitt 3.4). Dieses Gütemaß G_M wird in der Programmzeile 76 als Summe von Flächenstreifen der Höhe $(w_{1k} - x_{1k})^2$ und der Breite $T = 20 h$ berechnet. G_{Mmin} bezeichnet den Kleinstwert von G_M. In Zeile 12 wird für G_{Mmin} ein beliebiger sehr hoher Wert eingesetzt, der dann schrittweise erniedrigt wird. Während des Abarbeitens der k-Schleife bis k = 1000 wird ein Einschwingen auf den Endwert $w_{1k} = 1$ berechnet. Wenn das G_M eines Einschwingens größer ist als das bisher erreichte G_{Mmin}, dann wird von Zeile 80 nach Zeile 84 gesprungen, wo für K_P und T_N neue Zufallszahlen eingesetzt werden, die in den Bereichen S1 – D1/2 bis S1 + D1/2 bzw. S2 – D2/2 bis S2 + D2/2 liegen, d.h. die Zufallszahlen werden aus dem Rechteck Bild 3.4 entnommen. Wenn ein Einschwingen einen G_M-Wert hat, der kleiner als G_{Mmin} ist, dann wird in Zeile 82 dieser G_M-Wert zum neuen G_{Mmin} gemacht und das K_P und das T_N *dieses* Einschwingens sind die neuen optimalen Parameterwerte. Daher werden in Zeile 82 mit S1 = K_P und S2 = T_N diese Werte von K_P und T_N zu Mittelpunkten der Zufallsbereiche Zeile 84 gemacht. Das schraffierte Rechteck von Bild 3.4, aus dem die Zufallszahlen entnommen werden, wird also immer weiter in Richtung günstiger K_P- und T_N-Werte verschoben. Wenn man in dem ungekürzten Programm 7.1 die **Printzeile 74 und die STOP-Zeile 78 löscht** und das Programm startet, werden in langsamer Folge die folgenden Werte ausgedruckt. An Hand von e_{1k} wird kontrolliert, ob es aussreicht, k bis 1000 laufen zu lassen. Damit G_M richtig berechnet wird, muß der ausgedruckte e_{1k}-Wert immer nahezu Null sein.

G_M	K_P	T_N	e_{1k}
2.2750380	1.5000	11.0000	0.00000305
2.2045291	1.5037	10.5035	0.00000164
. . . .	. . .	. . .	. . . .
0.6987393	8.2514	9.4098	0.00000000
0.6987389	8.2596	9.4497	0.00000000

Eine Weile nach dem Start des Programmes ändert sich G_M kaum noch. Dann sind die optimalen Werte von K_P und T_N gefunden. $K_P = 8.2596$ und $T_N = 9.4497$ der letzten Zeile werden als optimal angesehen.

Um die mit den Optimalwerten erzielte Führungssprungantwort zu berechnen, werden $K_P = 8.2596$, $T_N = 9.4497$ in die Zeile 10 des Programmes 7.1 eingesetzt, wobei die eingerückten Zeilen fortgelassen werden. Nach dem Programmstart werden dann die in der linken Spalte der Tabelle 7.1 aufgeführten Werte ausgedruckt, die in Bild 7.3 als Kurve b aufgetragen sind. Die Kurve läuft für $t \to \infty$ auf $w_1 = 1$ ein.

7.4 Simulation einer nichtlinearen zeitvarianten Abtast-Zustandsregelung großer Tastperiode

Als Beispiel einer nichtlinearen zeitvarianten Abtast-Zustandsregelung soll die Weg-über-Grund-Regelung eines Schiffes simuliert werden. Während bei einer Kursregelung ein vorgegebener Winkel zwischen der Kielrichtung des Schiffes und der Nordrichtung konstant gehalten wird, bewirkt die Weg-über-Grund-Regelung, daß das Schiff auf einem vorgegebenen Weg über Grund entlanggeführt wird. Bei dieser Regelung werden Versetzungen durch Strömung und Wind automatisch kompensiert. Durch Satellitenmessung wird fortlaufend der Standort des Schiffes ermittelt und daraus der Abstand x_1 des Schiffes von dem vorgegebenen Schiffsweg a berechnet (siehe Bild 7.4), was mit einer einfachen Dreiecksberechnung geschieht. Indem man diesen Abstand möglichst genau auf dem Wert $x_1 = 0$ konstant hält, wird das Schiff auf dem Weg a entlanggeführt. x_1 wird im Folgenden als der gemessene Wert der Regelgröße angesehen.

Zunächst müssen die Differentialgleichungen der Regelstrecke (des Schiffes) ermittelt werden. In Bild 7.4 bezeichnen:

$V(t)$ Schiffsgeschwindigkeit relativ zum Wasser, explizite Funktion der Zeit ,
α Winkel zwischen der Kiellinie des Schiffes und der Geraden a ,
β Ruderwinkel ,
x_1 Abstand vom Weg a, den das Schiff zum Zeitpunkt t hat ,
x_4 In Richtung der Geraden a zurückgelegter Weg .

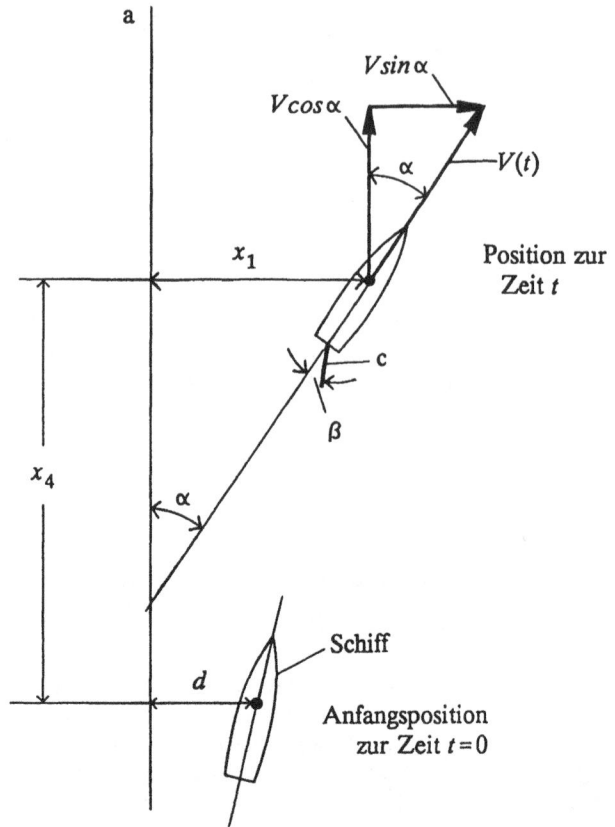

Bild 7.4.
Berechnungsskizze zu der nichtlinearen Weg - über - Grund-Regelung. c Ruder, β Ruderwinkel. In den dargestellten Stellungen bzw. in den dargestellten Richtungen haben alle Größen positive Zahlenwerte.

Alle diese Größen haben positive Zahlenwerte, wenn ihre Lagen bzw. Richtungen wie in Bild 7.4 sind. Mit den Geschwindigkeits-Komponenten $V\sin\alpha$ und $V\cos\alpha$ senkrecht und parallel zur Geraden a gelten dann folgende Formeln (für d = 0):

$$x_1 = \int V(t)\sin\alpha\, \mathrm{d}t \ , \tag{7.8}$$

$$x_4 = \int V(t)\cos\alpha\, \mathrm{d}t \ . \tag{7.9}$$

Zwischen dem Ruderwinkel β und der Winkelgeschwindigkeit $\mathrm{d}\alpha/\mathrm{d}t$ sowie der Winkelbeschleunigung $\mathrm{d}^2\alpha/\mathrm{d}t^2$ des Schiffes besteht, wie man zeigen kann, die Beziehung

$$T_1\ddot{\alpha} + \dot{\alpha} = b_0\beta \tag{7.10}$$

mit einer Zeitkonstanten T_1 und einer weiteren Konstanten b_0. In dieser Differentialgleichung kommen nur Ableitungen von α vor nicht aber α selbst. Daher gilt die Diffgl. (7.10) auch für große Winkel α. Wegen der sin- und cos-Funktionen in den Gln.(7.8), (7.9) ist die Regelung nichtlinear. Durch die vorstehenden drei Gleichungen wird die Regelstrecke beschrieben, wobei der Ruderwinkel β als Eingangssignal und x_1,

α und $\dot{\alpha}$ als Ausgangssignale der Regelstrecke betrachtet werden. Stellgröße u ist also der Ruderwinkel, $u = \beta$. Der Einfachheit halber wird die Rudermaschine als Proportionalglied angesehen, weil ihre Zeitkonstanten sehr viel kleiner sind als die des ganzen Schiffes. Mit den Bezeichnungen $\alpha = x_2$ und $\dot{\alpha} = x_3$ (s. unten) wird die Regelung demnach durch das Blockschaltbild 7.5 dargestellt. Für die Anwendung des Runge-Kutta-Verfahrens müssen die vorstehenden drei Gleichungen in ein System von Differentialgleichungen erster Ordnung umgewandelt werden, die die einheitliche von uns verwendete Form der Gln.(2.8) haben. Mit den Bezeichnungen

$$x_2 = \alpha , \quad x_3 = \dot{\alpha} \tag{7.11}$$

gilt die Differentialgleichung

$$\dot{x}_2 = f_2 \quad \text{mit} \quad f_2 = x_3 . \tag{7.12}$$

Aus der Gl.(7.8) folgt durch Ableiten nach der Zeit

$$\dot{x}_1 = f_1 \quad \text{mit} \quad f_1 = V(t)\sin x_2 , \tag{7.13}$$

und aus der Diffgl. (7.10) folgt $T_1 \dot{x}_3 + x_3 = b_0 u$. Durch Auflösen nach $\dot{x}_3$ geht diese Differentialgleichung in die gewünschte Form

$$\dot{x}_3 = f_3 \quad \text{mit} \quad f_3 = \frac{b_0 u - x_3}{T_1} \tag{7.14}$$

über. Schließlich erhält man noch durch Ableiten aus Gl.(7.9)

$$\dot{x}_4 = f_4 \quad \text{mit} \quad f_4 = V(t)\cos x_2 . \tag{7.15}$$

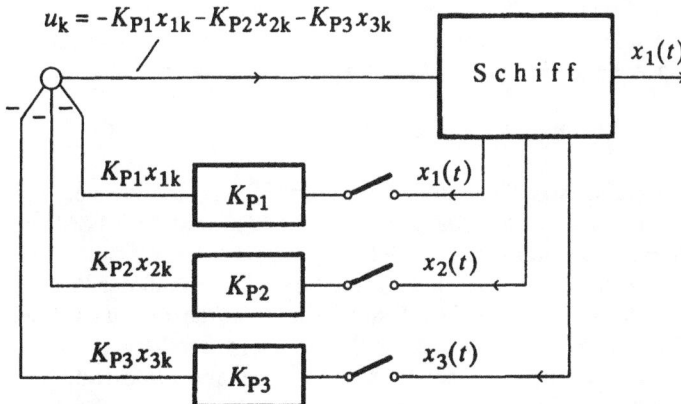

Bild 7.5.
Weg - über - Grund-Regelung. Drei synchrone Taster als Symbole für das Erfassen der drei Größen x_1, x_2, x_3 mit der Tastperiode T:
$x_{1k} = x_1(kT)$,
$x_{2k} = x_2(kT)$,
$x_{3k} = x_3(kT)$.

Zur Simulation der Regelung ist das System der vier Diffgln. (7.12) bis (7.15) zu lösen. Die Gleichungen für f_1, f_2, f_3 und f_4 finden sich in den Zeilen 90 und 91 des folgenden Programmes 7.2 wieder. Wie die Simulationsergebnisse zeigen werden, ist für Regelkreisführung ohne bleibende Regelabweichung kein integrierender Regelalgorithmus erforderlich, und es werden die folgenden drei Zustandsgrößen proportional zurückgeführt:

1. *Abweichung x_1 des Schiffes von dem vorgegebenen Weg a über Grund,*
2. *Winkel x_2 der von der Kielrichtung des Schiffes und dem vorgegebenen Weg über Grund eingeschlossen wird,*
3. *Drehgeschwindigkeit x_3 des Schiffes.*

Für den Regelalgorithmus wird daher in Analogie zu Gl.(6.6) angesetzt

$$u = K_{P1}(w_1 - x_1) - K_{P2}x_2 - K_{P3}x_3 .\qquad(7.16)$$

Im Sollzustand fährt das Schiff auf der vorgegebenen Geraden a entlang, d.h. im Sollzustand ist $x_1 = 0$. Daher ist in Gl.(7.16) $w_1 = 0$ zu setzen. Außerdem ist die Begrenzung des Ruderwinkels u zu beachten. Wenn der maximale Ruderwinkel zu $u = 0.8 \approx 46$ Grad angenommen wird, lautet somit die Programmzeile für $u_k = u(k \cdot T)$ (mit $k = 0, 1, 2, 3, \ldots$) in dem folgenden Programm 7.2:

$$72\ uk = -KP1*x1k - KP2*x2k - KP3*x3k: IF\ ABS(uk) > 0.8\ THEN\ uk = 0.8*SGN(uk)\qquad(7.17)$$

Anmerkung: Bei großen Ruderausschlägen müßte Gl.(7.10) durch eine nichtlineare Gleichung ersetzt werden. Möglicherweise ließe sich noch besseres Regelverhalten erzielen, wenn man für u statt der Gl.(7.16) eine nichtlineare Gleichung nehmen würde. Das könnte man durch Probeberechnungen mit dem Programm 7.2 erforschen.

Folgende Zahlenwerte wurden gewählt: $T_1 = 22$ Sek, $b_0 = 0.2$ Sek^{-1}, Tastperiode des Bordrechners $T = 1$ Sek (darf nicht ins Programm geschrieben werden, weil der Rechner t und T nicht unterscheiden kann), $h = 0.1$ Sek. Als günstige Regelalgorithmus-Beiwerte sind durch Optimieren mit dem Gütemaß Gl.(3.7) gefunden worden:

$$K_{P1} = 0.2774 , \quad K_{P2} = 22.0269 , \quad K_{P3} = 65.2963 .$$

Damit ergibt sich das nachfolgende Simulationsprogramm 7.2. Es ist angenommen, daß die drei Größen x_1, x_2 und x_3 fortlaufend gemessen werden und dem Bordrechner in konstantem zeitlichen Abstand von $T = 1$ Sek zugeführt werden, so daß die mit ihnen berechnete Stellgröße u immer 1 Sek lang konstant ist. Dann muß der Parameter n von 1 bis $T/h = 1/0.1 = 10$ laufen. Die Schrittweite h wurde mit $h = 0.1$ Sek ausreichend klein gewählt. Beim Abarbeiten der n-Schleife wird der Weg berechnet, den das Schiff in der Zeit von einem Tastzeitpunkt zum folgenden zurücklegt. Nach dem Austritt aus der n-Schleife wird in der Zeile 72 der neue Wert u_k der Stellgröße (=Ruderwinkel) berechnet. So fortfahrend werden im steten Wechsel der Schiffsweg und der Ruderwinkel berechnet. Es sei darauf hingewiesen, daß durch diese wechselseitige Berechnung bei Abtastregelungen *keine Ungenauigkeit* verursacht wird [4]. Die Anfangswerte werden in der Programmzeile 14 den $x_{1a}, x_{2a}, x_{3a}, x_{4a}$ zugewiesen.

Lauffähiges Programm 7.2 (Weg-über-Grund-Regelung)

```
10 T1=22:h=0.1:KP1=0.2774:KP2=22.0269:KP3=65.2963:b0=0.2        siehe Text
14 ta=0:x1a=30:x2a=0:x3a=0:x4a=0                Anfangsstellung des Schiffes
16 FOR k=1 TO 120 · · · · · · · · · · · · · · · · · Beginn der k-Schleife

18 FOR n=1 TO 10 · · · · · · · · · ·    Beginn der n-Schleife zur
                                        Berechnung des Verlaufes
20 t=ta:x1=x1a:x2=x2a:x3=x3a:x4=x4a     zwischen zwei Tastzeitpunk-
21 GOSUB 90                             ten (entstrechend Kurve c
22 k1=h*f1:l1=h*f2:m1=h*f3:n1=h*f4      in Bild 7.1).

30 t=ta+h/2:x1=x1a+k1/2:x2=x2a+l1/2:x3=x3a+m1/2:x4=x4a+n1/2
31 GOSUB 90
32 k2=h*f1:l2=h*f2:m2=h*f3:n2=h*f4

40 t=ta+h/2:x1=x1a+k2/2:x2=x2a+l2/2:x3=x3a+m2/2:x4=x4a+n2/2
41 GOSUB 90
42 k3=h*f1:l3=h*f2:m3=h*f3:n3=h*f4

50 t=ta+h:x1=x1a+k3:x2=x2a+l3:x3=x3a+m3:x4=x4a+n3
51 GOSUB 90
52 k4=h*f1:l4=h*f2:m4=h*f3:n4=h*f4

60 x1b=x1a+(k1+2*k2+2*k3+k4)/6
61 x2b=x2a+(l1+2*l2+2*l3+l4)/6
62 x3b=x3a+(m1+2*m2+2*m3+m4)/6
63 x4b=x4a+(n1+2*n2+2*n3+n4)/6
64 tb=ta+h
66 ta=tb:x1a=x1b:x2a=x2b:x3a=x3b:x4a=x4b     Durchschieben der Werte
67 NEXT n · · · · · · · · · · · · · · · ·     Ende der n-Schleife

70 tk=tb:x1k=x1b:x2k=x2b:x3k=x3b:x4k=x4b     Werte in Tastzeitpunkten
72 uk=-KP1*x1k-KP2*x2k-KP3*x3k: IF ABS(uk)>0.8 THEN uk=0.8*SGN(uk)
73 PRINT tk;x1k;x2k;x4k                              nach Gl.(7.17)
74 NEXT k · · · · · · · · · · · · · · · · · · ·  Ende der k-Schleife
75 STOP

90 V=6:f1=V*sin(x2)                    daneben V=0.1*t; V=2; f1nach Gl.(7.13)
91 f2=x3:f3=(b0*uk-x3)/T1:f4=V*cos(x2)         nach Gln.(7.12), (7.14), (7.15)
92 RETURN
```

Die Anfangsbedingungen Programmzeile 14 beinhalten, daß das Schiff im Anfangszustand mit einem Versatz von 30 Metern parallel zur vorgegebenen geraden Bahn fährt. In Zeile 90 ist für die Schiffsgeschwindigkeit $V = 6\,\text{m/Sek}$ ($\approx 12\,\text{sm/Std}$) eingesetzt.

$\dfrac{t_k}{\text{Sek}}$	$\dfrac{x_{1k}}{\text{m}}$	$\dfrac{x_{4k}}{\text{m}}$
1	30.0000	6.0000
2	29.9928	12.0000
3	29.9431	17.9998
4	29.8102	23.9982
usw.		

Nach dem Start des Programmes werden die nebenstehenden Werte ausgedruckt, die in Bild 7.6 als Bahnkurve d aufgetragen sind. Aus den Werten der ersten Zeile erkennt man, daß der Übergang im Zeitpunkt $t_k = 1$ Sek bzw. nach Zurücklegung von $x_{4k} = V \cdot t_k = 6$ m beginnt.

Wenn man in Programmzeile 90 für V den konstanten Wert $V = 2$ m/Sek einsetzt, erhält man die Schiffsbahn Bild 7.6, Kurve b, und wenn das Schiff aus der Ruhe

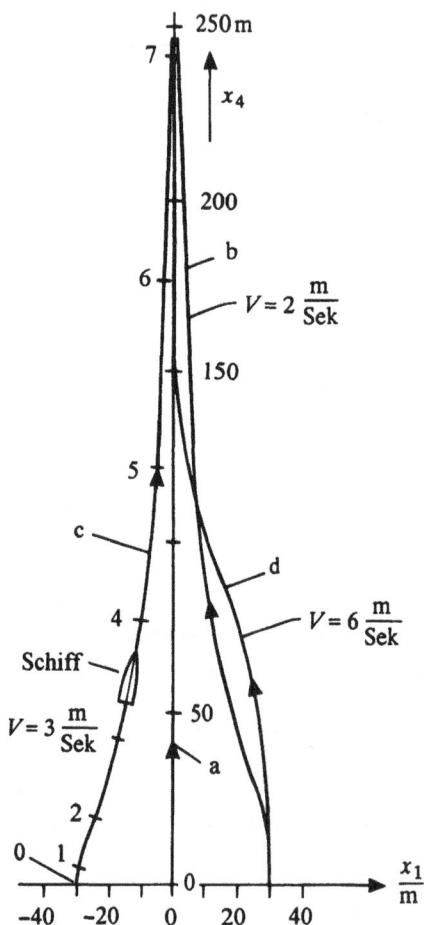

Bild 7.6. Weg-über-Grund-Regelung. Mit Programm 7.2 simulierte Schiffsbewegung. Abtast-Zustandsregelung mit Beiwerten K_{P1}, K_{P2}, K_{P3}, die für die Schiffsgeschwindigkeit $V = 6$ m/Sek optimiert sind. Kurve d Schiffsgeschwindigkeit $V = 6$ m/Sek, Kurve b Geschwindigkeit $V = 2$ m/Sek, Kurve c Schiff konstant beschleunigt mit $b = 0.1$ m/Sek^2. Die an Kurve c geschriebenen Zahlen sind die Geschwindigkeiten V, die das Schiff an den betreffenden Stellen hat.

heraus nach der Gleichung $V = b \cdot t$ ($b = 0.1\,\text{m/Sek}^2$) mit konstanter Beschleunigung fährt, beschreibt es die Bahnkurve c (die mit $x_{1a} = -30$ in Zeile 14 berechnet ist). Zur *Genauigkeitskontrolle* setzt man $h = 0.01$ in Programmzeile 10 ein und läßt dafür n von 1 bis 100 laufen. Die Ergebnisse dürfen sich dadurch nicht merklich ändern.

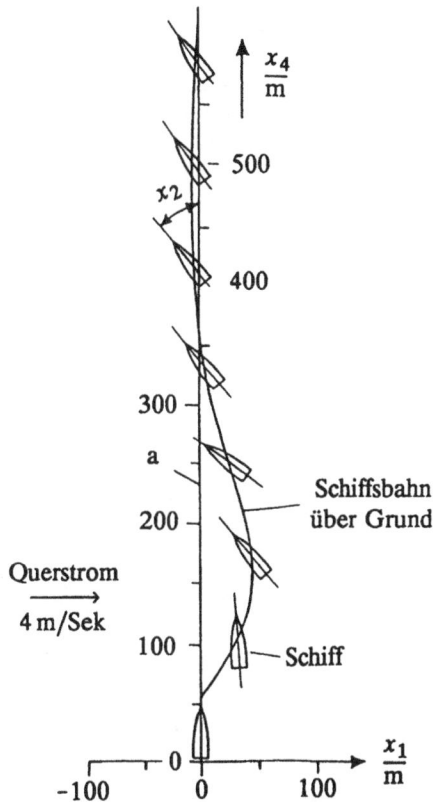

Bild 7.7. Störung der Weg-über-Grund-Regelung durch Querstrom. Das Schiff fährt zunächst ungestört entlang der vorgegebenen geraden Bahn a mit $V = 6\,\text{m/Sek}$.
Bei $x_4 = 54\,\text{m}$ setzt eine konstante Querströmung von 4m/Sek ein, die das
Schiff nach rechts vertreiben will. Die Regelung wirkt dem entgegen, und das
Schiff dreht nach links, um den Querstrom zu kompensieren. (Parameterwerte wie Bild 7.6). Das Bild ist erhalten durch Simulation mit Programm 7.2
und der Ergänzung für Querstrom.

Störverhalten bei Querströmung. Es wird angenommen, daß das Schiff zunächst auf der Geraden a mit $V = 6\,\text{m/Sek}$ entlangfährt, und nach 9 Sek bzw. 54m eine Querströmung von 4m/Sek einsetzt, die das Schiff in Bild 7.7 nach rechts vertreibt. Dies wird in dem Programm 7.2 mit den folgenden Änderungen bzw. Ergänzungen simuliert:

14 ta=0:x1a=0:x2a=0:x3a=0:x4a=0   Anfangs fährt das Schiff auf Geraden a

65 IF x4k>54-0.00001 THEN x1b=x1b+0.4   Simulation Querstrom (s. Abschnitt 1)

Die Zeile 65 besagt, daß das Schiff um 0.4 m in $h = 0.1$ Sek vertreibt ($= 4$ m/Sek). Wenn man das derart geänderte Programm startet, ergibt sich eine bleibende Regelabweichung $x_{1k} \neq 0$. Um diese zu beseitigen, wird an den Regelalgorithmus ein Integralanteil I angefügt. Dies geschieht mit den folgenden beiden Programmzeilen:

```
71 I=I+0.01*x1k
72 uk=-KP1*x1k-KP2*x2k-KP3*x3k-I : IF ABS(uk)>0.8 THEN uk=0.8*SGN(uk)
```

In Zeile 71 wird das Integral $I = 0.01 \cdot \int x_1(t)\mathrm{d}t \approx \sum 0.01\, x_{1k}\, T$ berechnet (Tastperiode $T = 10 \cdot h = 1$). Der Faktor 0.01 ist für gutes Regelverhalten gewählt worden. Wenn man das mit diesen Zeilen ergänzte Programm 7.2 startet, werden die in Bild 7.7 aufgetragene Schiffsbahn sowie die in dem Bild ebenfalls dargestellten Winkel x_{2k} ausgedruckt.

8. Sprungeingang bei Übertragungsgliedern mit Vorhalt

Die Terme der Differentialgleichung eines Übertragungsgliedes, die Ableitungen des Eingangssignals enthalten, werden als "Vorhaltterme" bezeichnet, und Glieder, die solche Vorhaltterme besitzen, heißen "Übertragungsglieder mit Vorhalt". Für die Regelstrecke Gl.(8.1) ist $b_1\dot{u}$ und für die Regelstrecke Gl.(8.18) ist $t\dot{u}$ ein solcher Vorhaltterm. Wenn in ein "Übertragungsglied mit Vorhalt" ein springendes Eingangssignal eintritt, dann ist im Sprungzeitpunkt der Vorhaltterm ∞ und die Simulation kann in der bisherigen Form nicht durchgeführt werden. Im Folgenden beschränken wir uns auf Glieder mit Vorhalt erster Ordnung. Unter der Voraussetzung, daß das Ausgangssignal x_1 im Sprungzeitpunkt endlich bleibt, kann dann die Simulation nach einer der folgenden Methoden geschehen. Bei der "Integrier-Methode" beseitigt man durch Integrieren die Ableitungen, die bei Sprungeingang unendlich werden. Mit dem Verfahren können alle linearen Systeme, invariante und variante, simuliert werden. Desgleichen die wichtige Klasse nichtlinearer Systeme, bei denen nur die ableitungsfreien Terme ihrer Differentialgleichungen nichtlinear sind. Außerdem sind einige Sonderfälle auf diese Weise lösbar. Die Integrier-Methode ist mathematisch exakt. Nach einem anderen Verfahren kann man den Eingangssprung durch die Anstiegsfunktion Bild 8.2b approximieren. Als drittes Verfahren kann man den Eingangssprung mit der e-Funktion $w_1 = 1 - e^{-t/T_1}$ approximieren. Dabei ist für T_1 ein sehr kleiner Zahlenwert einzusetzen, was zur Folge hat, daß man sich eine "steife" Differentialgleichung einhandelt (s. Anhang 9.2). Der Vorteil der beiden letztgenannten Verfahren besteht darin, daß sie auch bei fast allen nichtlinearen Systemen angewendet werden können. Die Vorgehensweise wird im Folgenden am Beispiel der Sprungantwort eines einzelnen Übertragungsgliedes sowie an Hand der Simulation des Führungsverhaltens eines Regelkreises erläutert. Wenn man eines der Verfahren anwendet, obwohl kein Vorhaltterm unendlich wird, erhält man auch richtige Ergebnisse; man treibt jedoch unnötigen Aufwand.

8.1 Simulation der Sprungantwort eines Übertragungsgliedes mit Vorhalt nach der "Integrier-Methode"

Das Verfahren wird nur angewendet, wenn bei einem Übertragungsglied ein Vorhaltterm unendlich wird. Um das Verfahren an einem möglichst allgemeinen Fall zu demonstrieren, wird im Folgenden ein abstraktes mathematisches Beispiele betrachtet. Zunächst habe eine Regelstrecke die Differentialgleichung (x_1 und u dimensionslos)

$$\ddot{x}_1 + a_1\dot{x}_1 + a_0(1.1 - e^{-t})x_1^2 = b_0 u^{1.5} + b_1\dot{u} \,, \tag{8.1}$$

deren Ableitungsglieder die konstanten Koeffizienten 1, a_1, b_1 haben. Gegebene Zahlenwerte: $a_0 = 3$, $a_1 = 4\,\mathrm{Sek}^{-1}$, $b_0 = 6$, $b_1 = 4\,\mathrm{Sek}^{-1}$. *Für die Durchführbarkeit der Integrier-Methode müssen die Ableitungsterme der Differentialgleichung geschlossen integrierbar sein*[1]. *Das gilt nicht für die ableitungsfreien Terme, weil deren Integration gar nicht ausgeführt wird*, wie aus dem Folgenden hervorgeht. Bei dem Beispiel Gl.(8.1) ist die Integrierbarkeit der Ableitungsterme gegeben, weil $\int \ddot{x}_1 dt = \dot{x}_1$ sowie $\int \dot{x}_1 dt = x_1$ und $\int \dot{u}\, dt = u$ sind. Da $\dot{u} = \infty$ ist, wenn u springt, wird die Ableitung $\dot{u}$ aus der Gl.(8.1) beseitigt. Dafür wird die ganze Gleichung einmal integriert, und man erhält die Formel

$$\dot{x}_1 + a_1 x_1 + \int a_0 (1.1 - e^{-t}) x_1^2 dt = \int b_0 u^{1.5} dt + b_1 u \ . \tag{8.2}$$

Für die Integrale werden nun mit den Gleichungen

$$x_2 = \int a_0 (1.1 - e^{-t}) x_1^2 dt \ , \quad x_3 = \int b_0 u^{1.5} dt \tag{8.3a,b}$$

neue Variable x_2 und x_3 eingeführt. Diese beiden Gleichungen werden in Differentialgleichungen umgewandelt, indem man sie einmal nach der Zeit ableitet. In der Gestalt der Gln.(2.8) geschrieben ergibt sich:

$$\dot{x}_2 = f_2 \quad \text{mit} \quad f_2 = a_0 (1.1 - e^{-t}) x_1^2 \ , \tag{8.4}$$

$$\dot{x}_3 = f_3 \quad \text{mit} \quad f_3 = b_0 u^{1.5}. \tag{8.5}$$

Die Differentialgleichung für x_1 wird gewonnen durch Einsetzen der Gln.(8.3) in Gl. (8.2) und Auflösen der erhaltenen Gleichung nach $\dot{x}_1$:

$$\dot{x}_1 = f_1 \quad \text{mit} \quad f_1 = x_3 + b_1 u - a_1 x_1 - x_2 \ . \tag{8.6}$$

Damit ist die Diffgl. (8.1) in die drei Diffgln. 1. Ordnung (8.4) bis (8.6) umgewandelt. Unter Verwendung dieser Formeln wird mit dem folgenden Programm das Antwortsignal x_1 für den Sprung $u = 1$ berechnet, der im Zeitpunkt $t = 0$ stattfindet (Um das Programm auch im nächsten Abschnitt 8.2 nutzen zu können, enthält es für eine Variable x_4 die Runge-Kutta-Formeln, die nicht stören, jedoch im Augenblick überflüssig sind). *Für die Durchführbarkeit dieses Verfahrens dürfen offenbar die beiden innersten Glieder links und rechts des Gleichheitszeichens in der Diffgl. (8.1) nichtlinear sein und sie dürfen zudem explizit von t abhängen.* Die Integrale in den Gleichungen (8.3) haben die unteren und oberen Grenzen 0 bzw. t. Für $t \to 0$ sind die beiden Integrale also 0, d.h. die beiden Größen x_2 und x_3, die durch die Gleichungen (8.3) definierten werden, haben die Anfangswerte 0 (Programmzeile 11). Für die Diffgl. (8.1) ist $u(t)$ eine gegebene Funktion der Zeit. Nach der zweiten Gl.(8.3) gilt dasselbe für x_3, so daß die Diffgl. (8.1) in Wahrheit nur in zwei Differentialgleichungen 1. Ordnung ((8.4), (8.6)) umgewandelt wurde, wie es sein

---

[1] Der Fall, daß die Koeffizienten der Ableitungsterme von t abhängen, wird in Abschnitt 8.4 gesondert behandelt. Man beachte, daß z.B. auch das Produkt $\dot{x}\ddot{x}$ integrierbar ist: $\int \dot{x}\ddot{x}\, dt = \dot{x}^2/2$.

muß. Wenn u die Sprungfunktion der Sprunghöhe 1 ist, folgt mit $u = 1$ aus der Gl.(8.3b) $x_3 = \int b_0 u^{1.5} dt = b_0 t$. Wenn man diese Gleichung in das Simulationsprogramm aufnimmt, kann man die Diffgl.(8.5) fortlassen. Unerläßlich ist die Diffgl. (8.5) jedoch, wenn die Führungssprungantwort eines Regelkreises simuliert werden soll, der die Regelstrecke Gl.(8.1) hat. Dann ist nämlich $u(t)$ nicht bekannt, so daß die Integration Gl.(8.3b) nicht ausgeführt werden kann (Siehe den folgenden Abschnitt 8.2).

Lauffähiges Programm 8.1.
Simulation der Strecken-Sprungantwort

```
10 a0=3:a1=4:b0=6:b1=4              gegebene Konstanten der Regelstrecke
11 tj=0:x1j=0:x2j=0:x3j=0:x4j=0                       Anfangswerte
12 h=0.001                                     Schrittweite h gewählt
15 FOR k=1 TO 4500

20 t=tj:x1=x1j:x2=x2j:x3=x3j:x4=x4j            Runge-Kutta-Verfahren
21 GOSUB 90                                              "
22 k1=h*f1:l1=h*f2:m1=h*f3:n1=h*f4                      "

30 t=tj+h/2:x1=x1j+k1/2:x2=x2j+l1/2:x3=x3j+m1/2:x4=x4j+n1/2    "
31 GOSUB 90                                              "
32 k2=h*f1:l2=h*f2:m2=h*f3:n2=h*f4                      "

40 t=tj+h/2:x1=x1j+k2/2:x2=x2j+l2/2:x3=x3j+m2/2:x4=x4j+n2/2    "
41 GOSUB 90                                              "
42 k3=h*f1:l3=h*f2:m3=h*f3:n3=h*f4                      "

50 t=tj+h:x1=x1j+k3:x2=x2j+l3:x3=x3j+m3:x4=x4j+n3      "
51 GOSUB 90                                              "
52 k4=h*f1:l4=h*f2:m4=h*f3:n4=h*f4                      "

60 x1k=x1j+(k1+2*k2+2*k3+k4)/6                          "
61 x2k=x2j+(l1+2*l2+2*l3+l4)/6                          "
62 x3k=x3j+(m1+2*m2+2*m3+m4)/6                          "
63 x4k=x4j+(n1+2*n2+2*n3+n4)/6                          "
64 tk=tj+h                                              "

70 IF k/100=INT(k/100) THEN PRINT tk;x1k    jedes 100-ste Wertepaar drucken
71 tj=tk:x1j=x1k:x2j=x2k:x3j=x3k:x4j=x4k        Durchschieben der Werte
72 NEXT k
73 STOP

90 u=1                       u ist eine Sprungfunktion mit Sprung bei t=0
91 f1=x3+b1*u-a1*x1-x2                                 nach Gl.(8.6)
92 f2=a0*(1.1-EXP(-t))*x1^2: f3=b0*u^1.5          nach Gln.(8.4), (8.5)
96 RETURN
```

Nach dem Programmstart werden die Werte der folgenden Tafel ausgedruckt, die in Bild 8.1 als Kurve a bis $t = 4.5$ Sek aufgetragen sind (außer t alle Größen dimensionslos).

t/Sek	0.1	0.2	0.3	0.4	0.5	
x_1	0.3560	0.6433	0.8822	1.0846	1.2569	usw.

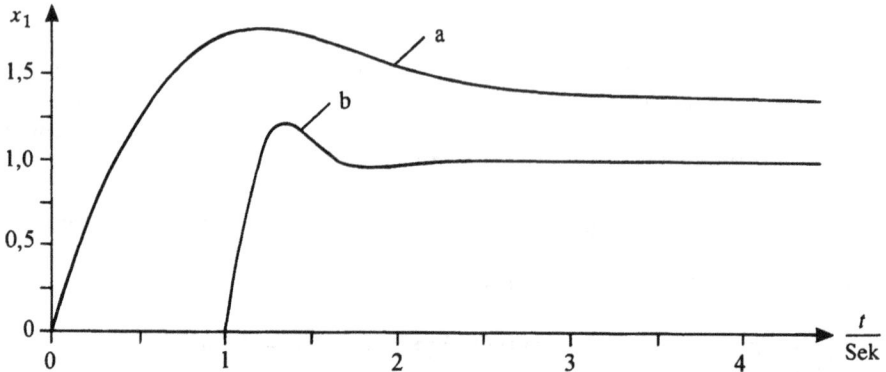

Bild 8.1. Kurve a Sprungantwort der Regelstrecke mit Vorhalt Gl.(8.1) (simuliert mit Programm 8.1); Kurve b Führungssprungantwort des Regelkreises bestehend aus der Regelstrecke mit Vorhalt Gl.(8.1) und dem PI-Regler Gl.(8.10) (simuliert mit dem geänderten Programm 8.1).

8.2 Regelkreis-Simulation nach der "Integrier-Methode"

Die Methode ist nur anzuwenden, wenn im Regelkreis ein Vorhaltterm unendlich wird. Die oben behandelte Regelstrecke mit Vorhalt Gl.(8.1) soll mit einem PI-Regler geregelt werden, der die Gleichung (Tabelle I, Zeile 3)

$$u = K_P \left(w_1 - x_1 + \frac{1}{T_N} \int (w_1 - x_1) dt \right) \qquad (8.7)$$

hat ($K_P = 1.5$, $T_N = 0.1$ Sek). Es sei w_1 eine Sprungfunktion, die im Zeitpunkt $t = 1$ von 0 auf 1 springt. Dann springt nach dieser Gleichung u zugleich mit w_1, so daß im Sprungzeitpunkt in Gl.(8.1) $\dot{u} = \infty$ ist. Daher muß in Gl.(8.1) $\dot{u}$ durch Integrieren beseitigt werden wie in Gl.(8.2) geschehen ist. Damit erhält man wieder die Gln.(8.2) bis (8.6), zu denen beim geschlossenen Regelkreis die Gl.(8.7) hinzutritt. Letztere wird wie immer (s. Abschn. 3.3) in der Form

$$u = K_P \left(w_1 - x_1 + \frac{1}{T_N} x_4 \right) \qquad (8.8)$$

geschrieben, wobei $x_4 = \int (w_1 - x_1) dt$ als Lösung der Differentialgleichung

$$\dot{x}_4 = f_4 \qquad \text{mit} \qquad f_4 = w_1 - x_1 \qquad (8.9)$$

berechnet wird. Für die Simulation der Führungs-Sprungantwort braucht man daher das Programm 8.1 nur mit den folgenden Zeilen zu ergänzen bzw. zu ändern:

```
12 h=0.00001:KP=1.5:TN=0.1          h sehr klein gewählt, damit Lösung sehr genau ist.
15 FOR k=1 TO 450000
90 IF tk>1-h/2 THEN w1=1:u=KP*(w1-x1+x4/TN)     w1-Sprung, u nach Gl.(8.8)
93 f4=w1-x1                                      f4 nach Gl.(8.9)
```

Wenn man noch in Programmzeile 70 die 100 durch 5000 ersetzt, werden nach dem Programmstart die Werte der mittleren Spalte der folgenden Tabelle 8.1 ausgedruckt. Sie sind in Bild 8.1 als Kurve b aufgetragen.

$\dfrac{t_k}{\text{Sek}}$	x_{1k} mit Inte-grier-Methode simuliert.	x_{1k} simuliert mit Approximation der Sprungfunktion
. . .	. . . . .	. . . . .
1.05	0.305927	0.305943
1.10	0.596874	0.596879
1.15	0.843001	0.842998
1.20	1.028128	1.028120
1.25	1.148353	1.148343
usw.		

Tabelle 8.1. Genauigkeitskontrolle

8.3 Regelkreis-Simulation mit Approximation der Sprung-funktion.

Dieses Verfahren ist wie die Integrier-Methode nur anzuwenden, wenn ein Ableitungs-term ∞ wird. Das Beispiel des vorhergehenden Abschnittes soll auf andere Weise noch einmal gelöst werden, und zwar soll $\dot{u}$ aus Gl.(8.1) statt durch Integrieren durch Substituieren beseitigt werden. Dafür wird die Reglergleichung

$$u = K_P\left(w_1 - x_1 + \frac{1}{T_N}\int (w_1-x_1)\,\mathrm{d}t\right) \tag{8.10}$$

abgeleitet. Die Ableitung lautet:

$$\dot{u} = K_P\left(\dot{w}_1 - \dot{x}_1 + \frac{1}{T_N}(w_1-x_1)\right). \tag{8.11}$$

Wie früher wird gesetzt:

$$\dot{x}_1 = x_2, \qquad x_4 = \int (w_1-x_1)\,\mathrm{d}t. \tag{8.12}$$

Damit gehen die Diffgl. (8.1) und Gl.(8.10) über in

$$\dot{x}_2 + a_1 x_2 + a_0 (1.1 - e^{-t}) x_1^2 = b_0 u^{1.5} + b_1 \dot{u} , \qquad (8.13)$$

$$u = K_P \left(w_1 - x_1 + \frac{x_4}{T_N} \right) . \qquad (8.14)$$

Nun können die Differentialgleichungen des Regelkreises in der Form der Gln.(2.8) angeschrieben werden. Zunächst erhält man wie früher (Vergl. Gl.(8.9)) aus den Gln. (8.12) die Differentialgleichungen:

$$\dot{x}_1 = f_1 \quad \text{mit} \quad f_1 = x_2 , \qquad (8.15)$$

$$\dot{x}_4 = f_4 \quad \text{mit} \quad f_4 = w_1 - x_1 , \qquad (8.16)$$

und durch Einsetzen von $\dot{u}$ nach Gl.(8.11) und mit $\dot{x}_1 = x_2$ nach Gl.(8.12) wird Gl. (8.13) umgeschrieben in:

$$\dot{x}_2 = f_2 \quad \text{mit} \quad f_2 = b_0 u^{1.5} + b_1 K_P \left(\dot{w}_1 - x_2 + \frac{w_1 - x_1}{T_N} \right) - a_1 x_2 - a_0 (1.1 - e^{-t}) x_1^2 . \qquad (8.17)$$

a)   b)

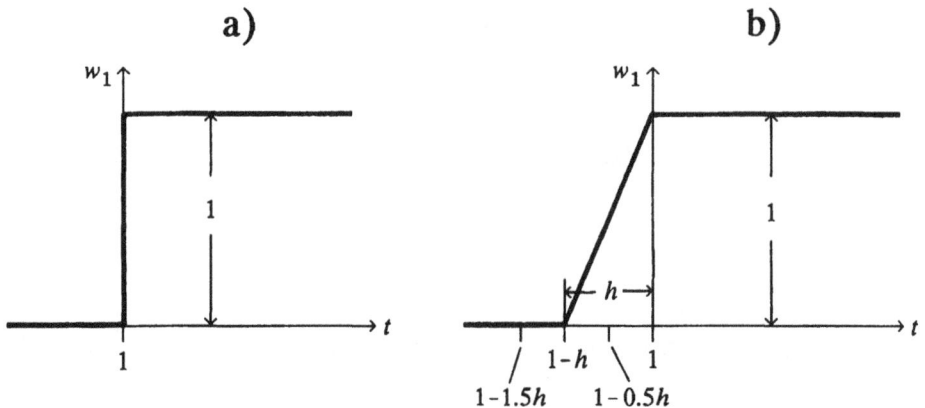

Bild 8.2. a) Sprungfunktion der Sprunghöhe 1, b) Approximation der Sprungfunktion.

Die gesuchte Führungssprungantwort wird nun als Lösung der vorstehenden drei Differentialgleichungen erhalten, wobei der Führungssprung Bild 8.2a durch den Kurvenzug Bild 8.2b approximiert wird, so daß $\dot{w}_1$ im Sprungzeitpunkt nicht ∞ ist, sondern den endlichen Wert $\dot{w}_1 = 1/h$ bekommt. Um das Programm 8.1 auch für dieses Beispiel verwenden zu können, muß es mit den unten wiedergegebenen Änderungen versehen werden, deren Zeilen 90 und 91 den Linienzug Bild 8.2b beschreiben. Dabei ist die Basic-Bezeichnung $\dot{w}_1 =$ w1punkt verwendet worden. *Sehr wichtig ist die Tatsache, daß die Größe von h keinen Einfluß auf das Simulationsergebnis hat. h muß nur sehr klein sein.* In dem Programm muß die Gleichung für f_2 wegen ihrer Länge unterteilt werden. Obgleich hier am Beginn immer $u > 0$ ist, muß in Zeile 93 ABS(u) stehen, damit der Rechner beim Programmstart nicht steckenbleibt.

12 h=0.00001:KP=1.5:TN=0.1   *h* muß bei diesem Verfahren sehr klein sein
15 FOR k=1 TO 450000
90 w1=0:IF tk>1-0.5*h THEN w1=1   ⎫ Approximati-
91 w1punkt=0:IF tk>1-1.5*h AND tk<1-0.5*h THEN w1punkt=1/h ⎭ on Bild 8.2b
92 f1=x2:f4=w1-x1:u=KP*(w1-x1+x4/TN)   Gln.(8.15), (8.16), (8.14)
93 f2=b0*(ABS(u))^1.5+b1*KP*(w1punkt-x2+(w1-x1)/TN)   ⎫ nach Gl.(8.17)
94 f2=f2-a1*x2-a0*(1.1-EXP(-t))*x1^2   ⎭

Wenn man das Programm 8.1 mit den vorstehenden Zeilen geändert hat und in Zeile 70 noch die 100 durch 5000 ersetzt, werden nach dem Start des geänderten Programmes die Werte der rechten Spalte der Tabelle 8.1 ausgedruckt. Die Werte stimmen nahezu mit denen der mittleren Tabellenspalte überein, so daß die Approximation der Sprungfunktion gemäß Bild 8.2 als zulässig angesehen werden kann. Es ergibt sich wieder die Kurve b von Bild 8.1.

8.4 Die "Integrier-Methode" bei zeitvarianten Systemen

In diesem Abschnitt wird der Fall behandelt, daß die Koeffizienten der Ableitungsterme der Differentialgleichung von *t* abhängen. Um nicht zu weitschweifig zu werden, soll das Vorgehen an Hand eines abstrakten mathematischen Beispiels erläutert werden. Ein Übertragungsglied (Regelstrecke) habe die Differentialgleichung

$$t^2\ddot{x}_1+t^3\dot{x}_1+(2-t)x_1^2=e^t u^{1.5}+t\dot{u}\,,\qquad(8.18)$$

die in den Ableitungen $\ddot{x}_1$, $\dot{x}_1$ und $\dot{u}$ linear und die bezüglich x_1 und u nichtlinear ist. u sei eine Sprungfunktion, die im Zeitpunkt $t=1$ von 0 auf 1 springt, so daß $\dot{u}=\infty$ ist im Zeitpunkt $t=1$. Um den Wert $\dot{u}=\infty$ zu beseitigen, wird die Gleichung wie in Abschnitt 8.1 integriert. Im Gegensatz zu Gl.(8.1) kann man die Glieder der vorstehenden Gleichung jedoch nicht einzeln integrieren. Daher werden die Integrationen mittels partieller Integration in Richtung auf das Gleichheitszeichen verschoben; denn die Integrationen über die ableitungsfreien Glieder werden nach dem früheren ja gar nicht ausgeführt (siehe Gl.(8.3)). Was damit genauer gemeint ist, geht aus der folgenden Berechnung hervor.
    Die Gl.(8.18) wird mit d*t* multipliziert und gliedweise integriert wie folgt:

$$\int t^2\ddot{x}_1\mathrm{d}t + \int t^3\dot{x}_1\mathrm{d}t + \int (2-t)x_1^2\mathrm{d}t = \int e^t u^{1.5}\mathrm{d}t + \int t\dot{u}\,\mathrm{d}t\,.\qquad(8.19)$$

Die Integrale, die die Ableitungen $\ddot{x}_1$, $\dot{x}_1$ und $\dot{u}$ enthalten, werden umgeformt. Durch zweimalige partielle Integration erhält man

$$\int t^2\ddot{x}_1\mathrm{d}t = t^2\dot{x}_1 - \int 2t\dot{x}_1\mathrm{d}t = t^2\dot{x}_1 - 2tx_1 + \int 2x_1\mathrm{d}t\,,$$

und durch jeweils einmalige partielle Integration ergibt sich

$$\int t^3\dot{x}_1\mathrm{d}t = t^3 x_1 - \int 3t^2 x_1\mathrm{d}t\,,$$

$$\int t\dot{u}\,\mathrm{d}t = tu - \int u\,\mathrm{d}t\,.$$

Die letzten drei Gleichungen werden in Gl.(8.19) eingesetzt und man bekommt die Beziehung:

$$t^2\dot{x}_1 - 2tx_1 + t^3x_1 + \int\left((2-3t^2)x_1 + (2-t)x_1^2\right)dt = \int\left(e^t u^{1.5} - u\right)dt + tu \, , \qquad (8.20)$$

in der nur noch zwei Integrale auftreten, die unmittelbar links und rechts des Gleichheitszeichens stehen. Die beiden Integrationen brauchen nicht explizit ausgeführt zu werden (siehe Abschnitt 8.1); denn im weiteren Berechnungsgang wird gesetzt:

$$x_2 = \int\left((2-3t^2)x_1 + (2-t)x_1^2\right)dt \, , \qquad (8.21)$$

$$x_3 = \int\left(e^t u^{1.5} - u\right)dt \, . \qquad (8.22)$$

Die gesuchten Differentialgleichungen 1. Ordnung ergeben sich nun folgendermaßen: Die beiden vorstehenden Gleichungen werden in Gl.(8.20) eingesetzt, und danach wird die erhaltene Gleichung nach $\dot{x}_1$ aufgelöst. Es ergibt sich

$$\dot{x}_1 = f_1 \quad \text{mit} \quad f_1 = \frac{1}{t^2}\left(x_3 + tu + 2tx_1 - t^3x_1 - x_2\right) \, , \qquad (8.23)$$

und durch Ableiten der beiden Gln.(8.21), (8.22) erhält man die Differentialgleichungen für x_2 und x_3:

$$\left.\begin{aligned}\dot{x}_2 = f_2 \quad &\text{mit} \quad f_2 = (2-3t^2)x_1 + (2-t)x_1^2 \, , \\[2mm] \dot{x}_3 = f_3 \quad &\text{mit} \quad f_3 = e^t u^{1.5} - u \, .\end{aligned}\right\} \qquad (8.24)$$

Damit hat man die Diffgl. (8.18) in die drei vorstehenden Differentialgleichungen 1. Ordnung der Form Gln.(2.8) umgewandelt, in denen $\dot{u}$ nicht auftritt und mit denen daher das Ausgangssignal x_1 nach dem Verfahren von Runge-Kutta berechnet werden kann, wenn u die Sprungfunktion ist. Dabei haben x_2 und x_3 ebenso wie x_1 die Anfangswerte 0 (Siehe hierzu und zur Anzahl der Differentialgleichungen 1. Ordnung den Schluß von Abschnitte 8.1).

8.5 Vorhaltglieder mit springender Sprungantwort

Für das in der Überschrift genannten Übertragungsgliedes mit Vorhalt erster Ordnung ist die Sprungantwort zu simulieren. Seine Differentialgleichung besteht aus vier Termen wie das folgende Demonstrationsbeispiel:

$$2\dot{x}_1 + t^2x_1 = 1.5e^{-t}u + 3\dot{u} \, . \qquad (8.25)$$

Die Differentialgleichung sei in den Ableitungsgliedern linear, damit die Integrier-Methode angewendet werden kann. Die beiderseitige Integration ergibt:

$$2x_1 + \int t^2x_1 dt = \int 1.5e^{-t}u\,dt + 3u \, . \qquad (8.26)$$

Wie in den vohergehenden Abschnitten wird nun

$$x_2 = \int t^2 x_1 \, dt \, , \qquad x_3 = \int 1.5 e^{-t} u \, dt \qquad\qquad (8.27\text{a,b})$$

gesetzt. Einsetzen dieser beiden Gleichungen in die Gl.(8.26) und Auflösen der erhaltenen Gleichung nach x_1 ergibt die Beziehung

$$x_1 = \frac{x_3 + 3u - x_2}{2} \, , \qquad\qquad (8.28)$$

und durch Ableiten der beiden Gln.(8.27) erhält man die in der Form der Gln.(2.8) geschriebenen Differentialgleichungen

$$\dot{x}_2 = f_2 \quad \text{mit} \quad f_2 = t^2 x_1 \, , \qquad\qquad (8.29)$$

$$\dot{x}_3 = f_3 \quad \text{mit} \quad f_3 = 1.5 e^{-t} u \, . \qquad\qquad (8.30)$$

Mit den Gln.(8.28) bis (8.30) kann nun das Simulationsprogramm geschrieben werden, wobei auf die Bemerkungen am Schluß von Abschnitt 8.1 hingewiesen sei. Die Integrale haben die Grenzen 0 (Sprungzeitpunkt) und t, so daß für $t \to 0$ die Integrale verschwinden. Die beiden durch die Gln.(8.27) definierten Größen x_2 und x_3 haben also ebenso wie x_1 die Anfangswerte Null, und aus der Gl.(8.28) folgt mit $x_2 = x_3 = 0$ weiter, daß x_1 im Zeitpunkt $t = 0$ von $x_1 = 0$ auf $x_1 = 3u/2$ springt.

Zum Schluß sei noch angemerkt, daß das Verfahren von Abschnitt 8.4 (für variante Regelstrecken) auch hier anwendbar ist.

9. Anhang

9.1 Existenz und Eindeutigkeit der Lösung eines Systems von Differentialgleichungen 1. Ordnung.

Ohne Beweis soll der folgende grundlegende Existenssatz mitgeteilt werden [1], [2], [9], [10]. Der Einfachheit halber wird dabei wieder auf das Differentialgleichungssystem Gl.(2.8) Bezug genommen. Dann gilt der Satz:

In dem Differentialgleichungssystem

$$\dot{x}_1 = f_1(t, x_1, x_2, x_3), \quad \dot{x}_2 = f_2(t, x_1, x_2, x_3), \quad \dot{x}_3 = f_3(t, x_1, x_2, x_3) \tag{9.1}$$

seien die Funktionen f_1, f_2 und f_3 in ihrem gemeinsamen Definitionsbereich B beschränkt, eindeutig und stetig. Ferner wird vorausgesetzt daß f_1, f_2, f_3 in B Lipschitzbedingungen erfüllen. Dementsprechend seien die partiellen Ableitungen

$$\left. \begin{array}{lll} \dfrac{\partial f_1}{\partial x_1}(t, x_1, x_2, x_3), & \dfrac{\partial f_1}{\partial x_2}(t, x_1, x_2, x_3), & \dfrac{\partial f_1}{\partial x_3}(t, x_1, x_2, x_3), \\[2ex] \dfrac{\partial f_2}{\partial x_1}(t, x_1, x_2, x_3), & \dfrac{\partial f_2}{\partial x_2}(t, x_1, x_2, x_3), & \dfrac{\partial f_2}{\partial x_3}(t, x_1, x_2, x_3), \\[2ex] \dfrac{\partial f_3}{\partial x_1}(t, x_1, x_2, x_3), & \dfrac{\partial f_3}{\partial x_2}(t, x_1, x_2, x_3), & \dfrac{\partial f_3}{\partial x_3}(t, x_1, x_2, x_3) \end{array} \right\} \tag{9.2}$$

in B beschränkt. Dann gibt es genau ein Lösungs-Tripel $x_1(t)$, $x_2(t)$, $x_3(t)$ der Differentialgleichungen (9.1), das vorgegebene Anfangsbedingungen $x_1 = x_{10}$, $x_2 = x_{20}$, $x_3 = x_{30}$ erfüllt, wobei x_{10}, x_{20}, x_{30} ein Punkt von B ist.

Die früheren Beispiele erfüllen alle die Bedingungen dieses Satzes. Das soll an Hand der Kursregelung gezeigt werden. Nach den Gln.(7.12) bis (7.15) ist für dieses Beispiel:

$$f_1 = V(t)\sin x_2, \quad f_2 = x_3, \quad f_3 = \frac{b_0 u - x_3}{T_1}, \quad f_4 = V(t)\cos x_2. \tag{9.3}$$

Wenn man hierin die Gleichung $u = -K_{P1} x_1 - K_{P2} x_2 - K_{P3} x_3$ der Stellgröße einsetzt, erhält man für die von Null verschiedenen partiellen Ableitungen Gln.(9.2):

$$\frac{\partial f_1}{\partial x_2} = V(t)\cos x_2,$$

$$\frac{\partial f_2}{\partial x_3} = 1,$$

$$\frac{\partial f_3}{\partial x_1} = -\frac{b_0 K_{P1}}{T_1}, \qquad \frac{\partial f_3}{\partial x_2} = -\frac{b_0 K_{P2}}{T_1}, \qquad \frac{\partial f_3}{\partial x_3} = -\frac{1+b_0 K_{P3}}{T_1},$$

$$\frac{\partial f_4}{\partial x_2} = -V(t)\sin x_2.$$

Diese partiellen Ableitungen sind offensichtlich sämtliche beschränkt. Die Funktionen f_1 bis f_4 nach Gl.(9.3) sind beschränkt, eindeutig und stetig. Daher erfüllt das Beispiel der Weg-über-Grund-Regelung die Voraussetzungen des obigen Existenzsatzes und die Differentialgleichungen des Beispiels können mit dem Runge-Kutta-Verfahren gelöst werden.

Anmerkung. Für den einzelnen Schritt des Runge-Kutta-Verfahrens muß die Stetigkeitsforderung des obigen Existenssatzes erfüllt sein. Damit dies bei der Zweipunkt- und bei der Dreipunktregelung der Fall ist, muß bei diesen Regelungen die springende Stellgröße u im Hauptprogramm berechnet werden und nicht in dem Unterprogramm, in das der Rechner während eines Berechnungsschrittes viermal mit der GOTO-Anweisung springt.

9.2 Das implizite Runge-Kutta-Verfahren, numerische Stabilität

Für die numerische Lösung von manchen "steifen" Differentialgleichungen wird in der Literatur die Verwendung eines impliziten Berechnungsverfahrens empfohlen [9], [10], [11], [1]. Steife Differentialgleichungen sind dadurch gekennzeichnet, daß sich ihre Lösungen aus Teilen sehr unterschiedlicher Änderungsgeschwindigkeiten zusammensetzen. So tritt in dem Beispiel Gl.(9.6) neben dem sehr rasch veränderlichen Summanden e^{-1000t} der langsam veränderliche Summand e^{-t} auf. Das implizite Runge-Kutta-Verfahren zur Lösung der Differentialgleichung $\dot{x}=f(t,x)$ besteht aus den folgenden Formeln (9.4), in denen (wie immer) t_j, $x_j = x(t_j)$ die bekannten Werte am Anfang und $t_k = t_j + h$, $x_k = x(t_k)$ die Werte am Ende eines Schrittes sind:

$$k_1 = f(t_j + a_1, \; x_j + b_1 k_1 + c_1 k_2), \qquad (9.4a)$$
$$k_2 = f(t_j + a_2, \; x_j + b_2 k_1 + c_2 k_2), \qquad (9.4b)$$

$$x_k = x_j + \frac{h}{2}(k_1 + k_2) \qquad\qquad\qquad (9.4c)$$

mit den Konstanten

$$a_1 = \frac{3-\sqrt{3}}{6}\,h, \qquad b_1 = \frac{1}{4}\,h, \qquad c_1 = \frac{3-2\sqrt{3}}{12}\,h,$$

$$a_2 = \frac{3+\sqrt{3}}{6}\,h, \qquad b_2 = \frac{3+2\sqrt{3}}{12}\,h, \qquad c_2 = \frac{1}{4}\,h. \qquad\qquad (9.4d)$$

Das Verfahren wird als implizit bezeichnet, weil k_1 und k_2 aus dem impliziten Gleichungssystem (9.4a,b) zu berechnen sind. Die beiden Gleichungen sind zudem i. a. nichtlinear, so daß zur Berechnung von k_1 und k_2 ein nichtlineares Gleichungssystem zu lösen ist. Daher ist das ganze Verfahren wenig attraktiv. Als gängiger Weg bietet sich an, die Gleichungen (9.4a,b) mittels Fixpunkt-Iteration zu lösen (Zeilen 30 bis 33 im folgenden Programm). Dann kann man jedoch Schwierigkeiten mit der Konvergenz der Iteration haben. Bei dem bisher ausschließlich verwendeten expliziten Runge-Kutta-Verfahren Gln.(2.2) konnten dagegen die Größen k_1, k_2, k_3, k_4, x_k einfach der Reihe nach berechnet werden. Es bleibt noch zu erwähnen, daß das implizite Runge-Kutta-Verfahren ebenso auf Differentialgleichungssysteme ausgedehnt werden kann wie das explizite. Als Beispiel soll im Folgenden eine steife Differentialgleichung gelöst werden.

Beispiel. Ein einfaches Beispiel für eine steife Differentialgleichung ist

$$\dot{x} = f(t,x) \quad \text{mit} \quad f(t,x) = 10^3 e^{-t} - e^{-t} - 10^3 x = (10^3 - 1)e^{-t} - 10^3 x . \tag{9.5}$$

Mit den Anfangswerten $t_0 = 0$, $x_0 = 2$ hat sie die exakte Lösung

$$x(t) = e^{-10^3 t} + e^{-t} . \tag{9.6}$$

Die rechte Seite der Gl.(9.4a) ist so zu interpretieren, daß in $f(t,x)$ für t der Ausdruck $t_j + a_1$ und für x der Ausdruck $x_j + b_1 k_1 + c_1 k_2$ einzusetzen sind. Mit $f(t,x)$ nach Gl.(9.5) geht somit Gl.(9.4a) über in:

$$k_1 = (10^3 - 1)e^{-(t_j + a_1)} - 10^3 (x_j + b_1 k_1 + c_1 k_2) . \tag{9.7}$$

Auf entsprechende Weise geht Gl.(9.4b) über in:

$$k_2 = (10^3 - 1)e^{-(t_j + a_2)} - 10^3 (x_j + b_2 k_1 + c_2 k_2) . \tag{9.8}$$

Die letzten beiden Gleichungen finden sich in den Zeilen 31 und 32 des folgenden Programmes. Mit dem Programm wird die Diffgl. (9.5) nach dem impliziten Runge-Kutta-Verfahren gelöst. Dabei wird in der Programmzeile 41 der Fehler *"Fehl"* als Differenz zwischen der exakten Lösung x_{exakt} nach Gl.(9.6) und den Näherungswerten x_k berechnet. (Es ist günstig, im Programm exp(-1000*tk) durch (exp(-tk))^1000 zu ersetzen.)

Lauffähiges Programm 9.1
Implizites Runge-Kutta-Verfahren

```
10 h=0.0001                                           Schrittweite h gewählt
20 tj=0:xj=2                                          Anfangswerte
21 a1=h*(3-SQR(3))/6:b1=h/4:c1=h*(3-2*SQR(3))/12  ⎫
22 a2=h*(3+SQR(3))/6:b2=h*(3+2*SQR(3))/12:c2=h/4   ⎬ Konstanten Gln.(9.4d)
23 FOR k=1 TO 40000                                 ⎭

30 FOR n=1 TO 20                                     ⎫ Fixpunkt-Iteration zur
31 k1=(10^3-1)*EXP(-tj-a1)-10^3*(xj+b1*k1+c1*k2)    ⎬ Berechnung von k1, k2
32 k2=(10^3-1)*EXP(-tj-a2)-10^3*(xj+b2*k1+c2*k2)    ⎭ nach Gln.(9.7), (9.8)
33 NEXT n
```

```
40 tk=tj+h:xk=xj+h*(k1+k2)/2                              xₖ nach Gl.(9.4c)
41 xexakt=(EXP(-tk))^1000+EXP(-tk):Fehl=ABS(xexakt-xk) exakte Lösung Gl.(9.6)
42 PRINT tk;xk;Fehl                                      "Fehl" ist der Fehler
43 tj=tk:xj=xk                                           Durchschieben der Werte
44 NEXT k
```

t_k	x_k	Fehl
0.0001	1.904737	0.000000013
0.0002	1.818531	0.000000023
0.0003	1.740518	0.000000031
usw.		

Nach dem Programmstart werden die nebenstehenden Werte ausgedruckt.

Wenn in Programmzeile 10 für h größere Werte als 0.0001 eingesetzt werden, muß in Zeile 30 n bis zu höheren Werten als 20 laufen, weil mit zunehmendem h die Konvergenz der Iteration schlechter wird und schließlich ganz aufhört. Für $h > 0.001$ wurden daher k_1 und k_2 durch Auflösen der beiden Gleichungen (9.7) und (9.8) nach k_1 und k_2 berechnet, was bei diesem einfachen Beispiel möglich ist. Wenn man das Programm mit verschiedenen h-Werten startet, erhält man für das jeweilige h den in der zweiten Spalte der folgenden Tabelle aufgeführten Maximalwert des Fehlers "Fehl" (der für $t > 0$ auftritt). In der Tabelle sind auch die entsprechenden Werte aufgeführt,

h	simuliert mit implizitem Runge-Kutta-Verfahren		simuliert mit explizitem Runge-Kutta-Verfahren	
	maximaler Fehler	dieser tritt auf bei $t=$	maximaler Fehler	dieser tritt auf bei $t=$
0.00001	$5.1 \cdot 10^{-12}$	0.001	$3.1 \cdot 10^{-11}$	0.001
0.0001	$5.1 \cdot 10^{-8}$	0.001	$3.3 \cdot 10^{-7}$	0.001
0.001	$5.4 \cdot 10^{-4}$	0.001	$7.1 \cdot 10^{-3}$	0.001
0.002	$7.5 \cdot 10^{-3}$	0.002	$2.0 \cdot 10^{-1}$	0.002
0.003	$2.7 \cdot 10^{-2}$	0.003	∞	
. . . .	. . . .		. . . .	
1	1.005	1	∞	
10	1.789	10	∞	
100	2.000	100	∞	
. . . .	. . . .		. . . .	
∞	∞		∞	

Tabelle 9.1. Abhängigkeit des maximalen Fehlers, den die Lösung der Diffgl.(9.5) für $t > 0$ hat, von der Schrittweite h.

die man mit dem expliziten Runge-Kutta-Verfahren erhält. Man erkennt aus den Werten, daß das explizite Verfahren etwas größere Fehler hat als das implizite. Für $h > 0.002$ (genauer > 0.00275) wird der Fehler des expliziten Verfahrens unendlich groß. $h = 0.00275$ ist die Grenze der numerischen Stabilität des expliziten Verfahrens. Der Fehler des impliziten Verfahrens ist dagegen für alle endlichen h-Werte beschränkt. Die Grenze der numerischen Stabilität des impliziten Verfahrens ist $h = \infty$. Das implizite und das explizite Runge-Kutta-Verfahren werden daher auch als absolut stabil bzw. bedingt stabil bezeichnet. Das bessere Stabilitätsverhalten ist der Grund dafür, daß in manchen kritischen Fällen das implizite Verfahren verwendet wird trotz seines sehr viel größeren Berechnungsaufwandes. Aus der Tabelle geht auch hervor, daß man mit h weit unter der Grenze der numerischen Stabilität bleiben muß, damit man ausreichend genaue Ergebnisse bekommt. Für alle regelungstechnischen Beispiele dieses Buches war das explizite Runge-Kutta-Verfahren bei weitem ausreichend.

Tabellen

Tabelle I. Die kontinuierlichen Regler nach DIN 19226

		Reglergleichung
1	P-Regler	$u = K_P e + u_0$, u_0 Konstante $e = w - x$ Regeldifferenz K_P Reglerverstärkung
2	I-Regler	$u = K_I \int e\, dt$ K_I Integralbeiwert
3	PI-Regler	$u = K_P \left(e + \dfrac{1}{T_N} \int e\, dt \right)$ T_N Nachstellzeit
4	PD-Regler	$u = K_P \left(e + T_V \dfrac{de}{dt} \right) + u_0$ T_V Vorhaltzeit
5	PID-Regler	$u = K_P \left(e + \dfrac{1}{T_N} \int e\, dt + T_V \dfrac{de}{dt} \right)$

Tabelle II. DIN-Regelalgorithmen

1	P-Regel- algorithmus	$u_k = K_P e_k + u_0$	K_P Reglerverstärkung, u_0 Konstante $e_k = w_k - x_k$ Regeldifferenz
2	I-Regel- algorithmus	$u_k = u_{k-1} + K_I T e_k$	T Tastperiode K_I Integralbeiwert
3	PI-Regel- algorithmus	$u_k = u_{k-1} + K_P \left(e_k + \left(\dfrac{T}{T_N} - 1 \right) e_{k-1} \right)$	T_N Nachstellzeit
4	PD-Regel- algorithmus	$u_k = K_P \left(e_k + \dfrac{T_V}{T} (e_k - e_{k-1}) \right)$	T_V Vorhaltzeit
5	PID-Regel- algorithmus	$u_k = u_{k-1} + K_P \left(e_k + \left(\dfrac{T}{T_N} - 1 \right) e_{k-1} + \dfrac{T_V}{T} (e_k - 2e_{k-1} + e_{k-2}) \right)$	

Literatur

[1] Oelschläger, D.; Matthäus, W.-G.: Numerische Methoden. Teubner, Leipzig 1991

[2] Wenzel, H.: Gewöhnliche Differentialgleichungen 1. Teubner, Leipzig 1976

[3] Föllinger, O.: Regelungstechnik. Hüthig, Heidelberg 1994

[4] Feindt, E.-G.: Regeln mit dem Rechner. Oldenbourg, München 1994

[5] Feindt, E.-G.: Der Extended-dead-beat-Regelalgorithmus, ein neuer hochgenauer Alround-Regelalgorithmus. Zeitschr. angew. Mathematik u. Mechanik (ZAMM), Bd. 77 (1997) H. 2, S.155-156

[6] Föllinger, O.: Nichtlineare Regelungen, Bd. 1 und 2. Oldenbourg, München 1998 /93

[7] Ackermann, J.: Abtastregelungen. Springer, Berlin/Heidelberg 1988

[8] Föllinger, O.: Lineare Abtastsysteme. Oldenbourg, München 1993

[9] Zurmühl, R.: Praktische Mathematik für Ingenieure und Physiker. Springer, 1984

[10] Schwarz, H. R.: Numerische Mathematik. Teubner, Stuttgart 1997

[11] Strehmel, K.; Weiner, R.: Numerik gewöhnlicher Differentialgleichungen. Teubner, Stuttgart 1995

[12] Strehmel, K.; Weiner, R.: Linear-implizite Runge-Kutta-Methoden und ihre Anwendung. Teubner, Stuttgart 1992

[13] Opfer, G.: Numerische Mathematik für Anfänger. Vieweg, Braunschweig 1994

[14] Stoer, J.: Numerische Mathematik I. Vieweg, Braunschweig 1994

[15] Stoer, J.; Bulisch, R.: Numerische Mathematik II. Vieweg, Braunschweig 1990

[16] Hämmerlin, G.; Hoffmann, K.-H.: Numerische Mathematik. Springer, 1994

[17] Orlowski, P. F.: Praktische Regelungstechnik. Springer, Berlin/Heidelberg 1994

[18] Becker, C. et al.: Regelungstechnik Übungsbuch. Hüthig, Heidelberg 1993

[19] Weinmann, A.: Regelungen, Analyse und technischer Entwurf 1, 2. Springer, 1994 /95

[20] Weinmann, A.: Test- und Prüfungsaufgaben Regelungstechnik. Springer, 1997

[21] Schneider, W.: Regelungstechnik für Maschinenbauer. Vieweg, Braunschweig 1994

[22] Dörrscheidt, F.; Latzel, W.: Grundlagen der Regelungstechnik.Teubner, Stuttg.1993

[23] Reuter, M.: Regelungstechnik für Ingenieure. Vieweg, Braunschweig 1994

[24] Merz, L.; Jaschek, H.: Grundkurs der Regelungstechnik. Oldenbourg, München 1996

[25] Töpfer, H.; Besch, P.: Grundlagen der Automatisierungstechnik. Hanser, Dresden 1990

[26] Schwarz, H.: Nichtlineare Regelsysteme. Oldenbourg, München 1991

[27] Brouer, B.: Regelungstechnik für Maschinenbauer. Teubner, Stuttgart 1998

[28] Isermann, R.: Digitale Regelsysteme. Springer, Berlin/Heidelberg 1991

[29] Lunze, J.: Regelungstechnik 1. Springer, Berlin/Heidelbeg 1996

[30] Samal, E.; Becker, W.: Grundriß der Regelungstechnik. Oldenbourg, München 1996

[31] Unbehauen, H.: Regelungstechnik, Bd. 1, 2, 3. Vieweg, Braunschweig 1993

[32] Merz, L.; Jaschek, H.: Grundkurs der Regelungstechnik. Oldenbourg, München 1996

[33] Lutz, H.; Wendt, W.: Taschenbuch der Regelungstechnik. Deutsch, Frankfurt 1995

[34] Ludyk, G.: Theoretische Regelungstechnik. Springer, Berlin/Heidelberg 1994

[35] Leonhard, W.: Einführung in die Regelungstechnik. Vieweg, Braunschweig 1991

[36] Busch, P.: Elementare Regelungstechnik. Vogel, Würzburg 1995

[37] Unger, J.: Einführung in die Regelungstechnik. Teubner, Stuttgart/Leipzig 1992

[38] Jörgl, H. P.: Repetitorium Regelungstechnik. Oldenbourg, München 1995

[39] Böttiger, A.: Regelungstechnik. Oldenbourg, München 1992

[40] Mann, H.; Schiffelgen, H.: Einführung in die Regelungstechnik. Hanser, München 1997

[41] Engel, S. (Hrsg.): Entwurf nichtlinearer Regelungen. Oldenbourg, München 1995

[42] Cremer, M.: Regelungstechnik. Springer, Berlin/Heidelberg 1995

[43] Gausch, F.; Hofer, A.: Digitale Regelkreise, Oldenbourg, München 1993

[44] Braun, A.: Digitale Regelungstechnik. Oldenbourg, München 1997

[45] Büttner, W.: Digitale Regelsysteme. Vieweg, Braunschweig 1991

[46] Gassmann, H.: Theorie der Regelungstechnik. Deutsch, Frankfurt a. M. 1998

[47] Altrock, C. von : Fuzzy Logic 1. Oldenbourg, München 1995

[48] Zimmermann, H.-J.: Fuzzy-Logic 2. Oldenbourg, München 1995

[49] Altrock, C. von (Hrsg): Fuzzy Logic 3. Oldenbourg, München 1995

[50] Kiendl, H.: Fuzzy Control methodenorientiert. Oldenbourg, München 1996

[51] Koch, M.; Kuhn, T.; Wernstedt, J.: Fuzzy Control. Oldenbourg, München 1996

[52] Strietzel, R.: Fuzzy-Regelung. Oldenbourg, München 1995

[53] Jaanineh, G.; Maijohann, M.: Fuzzy-Logik und Fuzzy-Control. Vogel, Würzburg 1996

[54] Bothe, H.-H.: Fuzzy Logik. Springer, Berlin/Heidelberg 1995

Sachregister

www.ingramcontent.com/pod-product-compliance
Lightning Source LLC
Chambersburg PA
CBHW081230190326
41458CB00016B/5734